高原寒区工程机械运用及维护保养研究

隋 斌 房永智 王登宝 著

北京工业大学出版社

图书在版编目（CIP）数据

高原寒区工程机械运用及维护保养研究 / 隋斌，房
永智，王登宝著．— 北京 ：北京工业大学出版社，
2021.2

ISBN 978-7-5639-7852-6

Ⅰ．①高… Ⅱ．①隋… ②房… ③王… Ⅲ．①高原－
寒冷地区－工程机械－机械维修②高原－寒冷地区－工程
机械－保养 Ⅳ．① TH2

中国版本图书馆 CIP 数据核字（2021）第 034160 号

高原寒区工程机械运用及维护保养研究

GAOYUAN HANQU GONGCHENG JIXIE YUNYONG JI WEIHU BAOYANG YANJIU

著　　者：隋斌　房永智　王登宝

责任编辑：李　艳

封面设计：知更壹点

出版发行：北京工业大学出版社

　　　　　　（北京市朝阳区平乐园 100 号　邮编：100124）

　　　　　　010-67391722（传真）　bgdcbs@sina.com

经销单位：全国各地新华书店

承印单位：涿州汇美亿浓印刷有限公司

开　　本：710 毫米 ×1000 毫米　1/16

印　　张：10

字　　数：200 千字

版　　次：2022 年 10 月第 1 版

印　　次：2022 年 10 月第 1 次印刷

标准书号：ISBN 978-7-5639-7852-6

定　　价：78.00 元

前　言

本书中的高原寒区特指青藏高原。青藏高原地处我国西南部，主体部分是我国青海省和西藏自治区，"青藏高原"由此而得名。在我国，青藏高原一般指帕米尔高原、塔里木盆地、内蒙古高原以南，黄土高原、云贵高原以西，西边和南边至国界的广大区域。在行政区划上，青藏高原包括西藏自治区全部、青海省部分、四川省西部、甘肃省西南部、云南省西北部和新疆维吾尔自治区南部边缘地区，范围涉及6个省（自治区）、201个县（自治县、市）。青藏高原边缘延伸到印度、缅甸、不丹、尼泊尔、巴基斯坦和阿富汗境内，与邻国接壤的国界线长。

青藏高原地处我国第一阶梯，是世界上海拔最高的高原，被誉为"世界屋脊"。青藏高原一般海拔为3000～5000 m，平均海拔4500 m左右，全球14座海拔超过8000 m的高峰全部矗立在青藏高原地区，高原地势高峻，地形复杂。青藏高原自然条件差，地域降雨量小，蒸发量大，空气干燥。紫外线辐射强，气候恶劣。空气含氧量比平原地区减少30%～60%，大气压只有海平面的60%左右，紫外线辐射强度高出一般平原地区的40%～50%。低气压的缺氧环境，使人易发生高原反应，表现为头昏、头痛、腹胀、食欲减退、心跳和呼吸加快、胸闷，重者发生气短、恶心、呕吐、疲乏、嗜睡或失眠、面部浮肿等。高原寒区属于高原大陆性气候，春秋短暂，冬季漫长，年均气温-3 ℃～-12 ℃，1月平均气温-18 ℃～+3.6 ℃，7月平均气温7 ℃～19 ℃，极端最低气温在-40 ℃甚至以下，昼夜最大温差达30 ℃。冬季寒冷期长达6个月（11月至翌年4月），积雪期长达8个月（10月至翌年5月），全年无霜期仅90天。高寒是影响人们生存与活动的又一重要气象因素，尤其是在冬季，人员易发生冻疮事故，表现为痛、痒、水肿、水泡及组织坏死等。

青藏高原在国家政治、安全和经济发展中的战略位置极端重要。由于西南高原地广人稀、环境恶劣、经济落后，基础设施和重大项目建设工程作业的难度显著高于平原地区，通常由集团化、专业化的军地专业工程力量依托体系化工程机械完成。实践中，由于工程机械生产厂家技术水平的限制和未充分考虑

1

高原使用要求,工程机械在高原寒区使用中都不同程度地出现了发动机功率下降、作业效率降低、热平衡能力不足、空气滤清器不能满足使用要求等问题。

据统计,受高原地区温度应力和太阳强辐射的影响,工程机械的零部件,特别是橡胶件易老化、变形坏损概率比平原地区高 38%。另外,受高原复杂地理环境影响,交通条件十分恶劣,工程机械在运输和使用过程中故障率明显提升,可靠性指标降低。与平原条件相比,完成同等作业量的工程任务,高原工程机械的维修保障难度明显要高出许多。

在工程作业中,由于高原地区工程机械作业样式的多样性,单一功能的工程机械难以充分发挥出工程机械的保障能力,因此多机种协同作业是高原工程作业的主要特点,工程机械的维修保障也会更加困难。

正确地运用工程机械,是加快工程作业的主要手段之一,充分、合理地运用各类工程机械,最大限度地发挥机械效能,对完成工程作业任务具有重要意义。工程机械运用,就是根据工程作业任务和工程机械的用途、性能、特点及工程机械运用原则、程序,合理地组织工程机械施工,圆满地完成工程任务。在工程作业中,要正确地运用工程机械,必须加强平时的训练,不断提高指挥人员的组织能力、专业素养和专业技术水平;加强对机械、车辆的维护保养,使其随时处于良好备用状态。

目　录

第一章 高原寒区地域环境及其对工程机械运用及维护保养的影响

第一节 高原寒区地域环境特征

一、地形特征

青藏高原，由祁连山地、柴达木盆地、青南高原、藏北高原、藏南谷地、喜马拉雅山地、川藏滇高山峡谷区7个地貌单元构成。祁连山地，山体庞大，山势险峻，雪峰、冰川广布，中部高耸，东、西较低，北坡陡峭，南坡较缓。柴达木盆地，西北开阔，东部较窄，边缘有绿梁山、锡铁山、阿木尼克山等，山地西北部为戈壁沙漠和风蚀丘陵，南部为草滩平原，部分地段有少量沙丘，中部为湖积泥沙和盐层所组成的盐土平原。青南高原，主要由昆仑山和唐古拉山两大山系组成，山势高耸，山岭一般较平缓，谷地宽展，湖泊河流众多。藏北高原，平均海拔4500 m以上，坡度平缓，地形开阔，海拔5500 m以上地区渐有块状积雪，6000 m以上则是常年不化的雪山。藏南谷地，窄谷区谷深坡陡，地势险要，河床基岩裸露，常因山崩、泥石流暴发而堵塞谷地，形成急流浅滩，是航运和架桥的极大障碍。喜马拉雅山地，有众多雪峰沿喜马拉雅山脉主脊而列，雪峰高耸，峭壁陡峻，山谷中长有少量的草木，夏季冰雪融化，谷中水流湍急，常有泥石流、冰川暴发，人员车辆通行困难。川藏滇高山峡谷区，由一系列近似南北走向平行延伸的高山深谷所组成。

（一）幅员辽阔，地形复杂

青藏高原，西起帕米尔高原，东至横断山脉，横跨31个经度，东西长约2700 km；南自喜马拉雅山脉南缘，北迄昆仑山—祁连山北侧，纵贯约13个纬度，南北宽约1400 km，面积约250万km²，约占我国国土总面积的1/4，相当于4个法国或9个英国，是我国面积最大的高原。

1

青藏高原周围有喜马拉雅山、昆仑山、阿尔金山、祁连山、横断山脉等环绕，内部有喀喇昆仑山、唐古拉山、冈底斯山、念青唐古拉山等突起，山脉之间主要是高原、盆地和宽谷，地形构成比较复杂。高原海拔高、雪峰林立、冰川广布、盆湖众多、水系交织。

（二）地势高亢，地貌"三多一少"

青藏高原，位于我国第一阶梯，地势高亢。从地貌的构成来讲，高原、山地和盆地较多，平地较少，被称为"山原"。周围的喜马拉雅山、昆仑山、阿尔金山、祁连山、横断山脉和内部的喀喇昆仑山、唐古拉山、冈底斯山、念青唐古拉山等构成了地貌的基本骨架，山脉之间主要是高原、盆地和宽谷，高原广阔，平地绿洲较少。

（三）山体庞大，岭谷纵列，峡谷深切

青藏高原地区，山地多为体宽、脉长、高耸的山脉。大多数山脉宽为100 km至数百千米，长为1000 km至数千千米。山体之大、海拔之高、山脉之长、地势之险居全国之首。除横断山脉呈南北走向外，喜马拉雅山、昆仑山、阿尔金山、祁连山、喀喇昆仑山、唐古拉山、冈底斯山、念青唐古拉山等山脉大体呈东西走向，并以庞大、高耸、雄伟著称。东西走向的山体，对南北方向的交通运输具有较大的障碍作用，而纵贯山体的谷地便成为南北交通的重要通道。横向延伸的山体对于东西方向的交通较为便利，便于人员、车辆的通行。横断山脉，高山峡谷并列，峡谷深切，南北绵延数千里，以山高、谷深、坡陡、势险著称，是断绝东西陆路交通的天然障碍。

（四）地势南高北低，西高东低

青藏高原地势从西北向东南逐渐倾斜。位于高原南部的喜马拉雅山脉是世界上最高的山脉，主峰珠穆朗玛峰海拔8848.86 m，是世界第一高峰。由喜马拉雅山脉向北，诸山脉海拔逐渐降低。高原东西相比，西部较高，喀喇昆仑山主峰乔戈里峰海拔8611 m，是我国第二高峰。山系海拔一般在4000米以上，山岭海拔多在5000～6000 m以上。昆仑山、祁连山向北、向东，地势显著下降，形成整个高原由南向北、由西向东逐渐下降的地势。

二、水系特征

（一）河流流量丰富，地区分布不均

青藏高原有大小河流数百条，加上季节性流水的间歇河流，河流的总数在千条以上，但河川径流量的分布非常不均匀。首先，内流区与外流区的河川径流量相差悬殊。内流区，主要分布在柴达木盆地和藏北高原，内流河一般流程短、流量小、水浅。内流河河网结构多以湖泊洼地为中心，呈向心辐合状。由于内流河多源于山区，上游河道狭窄，水冷流急，中、下游河床渐宽，流量渐小，流速渐缓，有些河流因蒸发、渗漏和灌溉等原因，形成时令河或潜流，有些河流注入终端湖盆或者消失于荒漠之中，对人员、车辆通行一般不构成障碍。外流区，河流较长，水量大，水力资源丰富，对交通运输影响较大。其次，在外流区地区内径流量的分布也很不均衡。最后，各河流流域之间的差别也相当大。

（二）河水供给方式复杂

青藏高原河流的水源主要由雨水、冰雪融水和地下水三种补给形式组成。河水的供给方式十分复杂，许多情况下，这三种补给形式往往是交织在一起的。如藏西、藏北的大河多属地下水补给为主类型，藏中、藏东南多属雨水补给为主类型，而在多冰川地区的河流则多属融水补给为主类型，藏东大河属混合补给类型，支流多属雨水补给类型。

（三）河水流量季节变化大、年际变化小

青藏高原大部分河流水源主要靠高山冰雪融水补给，地表径流季节变化大。夏秋季节（6～9月）为洪水期，径流量占全年的55%～78%，常因冰雪消融和暴雨，造成短期内洪水泛滥，冲毁农田、村庄，阻断道路交通。11月至翌年4月为枯水期，水量较小，径流量只占全年的11%～32%，时有断流发生，径流量的最小月与最大月相差10～40倍。大部分河流冬季封冻结冰，冰厚0.2～0.8 m。青藏高原降水量大的月份正是气温高的时期，水热同期，致使夏季的融水补给量最大。由于冰川的消融受辐射、气温的影响，加剧了河川径流年内分配的不均匀性。

青藏高原主要河流的径流年际变化小是另一个突出特点。据金沙江、澜沧江、雅鲁藏布江以及年楚河、拉萨河5条江河的7个水文站的资源统计，年径流历年最大值与历年最小值之比为2.87∶2.05，这在我国河流中是少见的。青藏高原河流的这一水文特点为水资源的开发利用提供了有利条件。例如，径

流多年调节所需的水库库容可以减少，各类引水工程的引水口高度便于确定，年供水保证度高等。

（四）不同地区及不同河段河水含沙量不均

藏东南天然植被保存比较完整。流域内耕地少，开垦程度小，地广人稀，人类活动少，流域内的土壤颗粒较粗，不易悬浮等原因，使这一地区河流的含沙量明显小于我国内地的主要河流。但在人口较为集中和农耕业较为发达的腹部，特别是高寒和半高寒地区，由于植被覆盖率很低，降雨集中，再加上长期的人类活动，致使水土流失严重，河流含沙量不仅远远高于藏东南地区，同时也远远高出我国内地的许多河流。这一问题甚至已成为制约这一地区水利发展的一个突出问题，其中，多数水利设施，特别是水库受淤泥危害严重，有的甚至已经报废。

（五）水温偏低，冰情悬殊

由于青藏高原地势高，近地面气温低，且不少河流发源于冰川、雪山，沿途又有冰雪融水汇入，青藏高原的河流水温低于同纬度的我国东部地区。河流水温低，对农作物生长不利，特别是用低温的冰雪融水灌溉稻田会影响水稻的产量。一些大河的上游（或中游）河段以及上、中游地区的支流都不同程度地存在着冰情，这给水资源的开发利用，特别是对水能源的开发带来不利影响，使一些中小型水电站冬季的发电量大大降低，甚至不能正常运行。

（六）降雨强度小，固体降水灾害多

青藏高原除东南边境一带外，大部分地区年降雨量在 200 ～ 1000 mm，年降雨日数为 80 ～ 200 天，平均每个降雨日降雨 2 ～ 5 mm，而且 60% 在夜间降雨。在高海拔的农牧区，特别是藏北地区一年内任何季节都可能出现雪、霜、冰雹等固体降水现象，且常雨雪交夹，水冰俱下。这种固体降水一方面会对作物产生不利影响，另一方面会造成雪、冰雹在高山积存，如一座"固体水库"，每当高温干旱季节融化，则形成补给河川、湖泊的水源。

（七）湖泊水深较浅，水面变化剧烈

由于暴雨、河流洪水的突发以及强烈的蒸发等原因，湖水消涨频繁，水位升降不定，轮廓变化无常。一些地区的许多小湖泊，仅在雨季和河流洪水期有水，其余季节干涸或形成泥泞的沼泽。高原寒区大部分湖泊的湖水深度只有几米或十几米，仅山区的一些湖泊的湖水较深。如我国最大的咸水湖——青海湖，一般水深 19 m，最深约 29 m。大部分为咸水湖，有一些为盐碱湖，湖水不能饮用。只有小部分湖泊连接有河流，湖水可以排出的为淡水湖，如扎陵湖、鄂陵湖等。

三、气候特点

（一）太阳辐射强，日照时数多

一是太阳辐射强。青藏高原海拔高，空气稀薄，透明度好。太阳辐射通过大气层时，能量损失少，加之纬度低，日照时间长，光照充足，所以青藏高原是我国太阳辐射能量最大的地方。例如，北纬 30° 附近，青藏高原的年总辐射量为 $6.1 \times 10^5 \sim 7.92 \times 10^5$ J/cm^2，比同纬度的平原高 70% 左右。二是日照时数多。年日照时数分布主要取决于地理纬度和云量多少，青藏高原云量东南部多于西北部，故日照时数西北部多，东南部少，由西北向东南逐减。青藏高原主体年日照时数为 2500 ~ 3600 h，一般比同纬度的平原和盆地高出 1000 h 左右，是我国日照时数最多的地区之一。其中，柴达木盆地，年日照时数为 3200 ~ 3600 h，尤其是盆地北部的冷湖地区日照时数最多，年均日照时数为 3550.5 h。

（二）气温低，年较差小、日较差大

气温低，寒冷期长。大气温度随着海拔高度的变化而变化。青藏高原，由于海拔高，地面长波辐射强，年均气温、最冷月（1 月）平均气温和最热月（7 月）平均气温，都比同纬度平原和盆地低得多。如那曲和上海纬度几乎相同，但那曲年均气温、最冷月平均气温和最热月平均气温分别为 -1.9 ℃、-13.8 ℃、8.8 ℃，而上海则分别为 15.7 ℃、3.5 ℃、27.5 ℃，显然那曲气温比上海低得多。又如，昌都和杭州纬度相近，但昌都的年均气温、最冷月平均气温和最热月平均气温分别为 7.5 ℃、-2.6 ℃、16.1 ℃，而杭州则分别为 16.2 ℃、5.0 ℃、35 ℃。

（三）降雨差异大，多夜雨

波密、林芝、察隅等地降水日数多，强降水也较多；雅鲁藏布江河谷降水日数较少，但降水强度大，一般只要出现降水就有较大的降水量。错那、帕里等地降水日数较多，但降水强度小，以小雨为主，常阴雨连绵，降水量不大。狮泉河、改则、普兰等地降水日数少，一般情况下降水强度较小。青藏高原降水另一个重要特点是多夜雨，大部分地区夜雨率（晚上 8 时至翌日晨 8 时的降雨量占日总降雨量的百分比）在 60% 以上，雅鲁藏布江河谷超过 80%。阿里、藏北及三江流域北部夜雨率稍小，为 50% ~ 60 %，藏东和南部边缘地区为 50% 左右。以拉萨雨季日降水量的变化为例，中午 12 时几乎没有降水，日落

后降水量迅速增加。黎明前后，降水逐渐停止，中午前后转少云或晴空万里。高原多夜雨，主要受局部地形影响所致，特别是宽阔的河谷地段。白天，太阳辐射强烈，增温快，气温高，云中的小水滴易蒸发消散，较强的谷风又使河谷上空的上升气流减弱，空气中得不到足够的水汽补充，因而天空少云或晴空万里。晚上，山地空气冷却，冷空气沿山坡下沉，谷地暖湿空气上升，为成云降雨提供了条件。日晴夜雨，在高原上一些大河谷（如雅鲁藏布江河谷）尤其明显。需要指出，在西藏一些高山区降水日变化与河谷地区情况相反。高山上降水主要发生在白天，许多山峰白天经常隐没在云雾中，在夜间或清晨天气较好。

（四）冻土深厚，降雪期长，各地降雪量和积雪深度差异大

冻土是一种具有破坏力的自然现象。在冻土地区，由于冻结胀力和融化沉陷，常使建筑物、道路基础、管道等遭受严重破坏。青藏高原，冻土现象比较常见，昆仑山至唐古拉山为多年冻土地带。冬季最大冻土深度在 300 cm 以上。青南高原、阿里高原和一些高山区存在着永冻层，夏季只有上层融化。冻土给工事构筑和工程作业带来困难，会造成对道路的破坏，冻时路面胀裂，融时路基翻浆松软。青藏高原降雪期长，各地降雪日数、降雪量和积雪深度差异较大。降雪量大值区主要位于藏北和藏南地区，呈带状分布。藏北的班戈、安多、那曲、索县、丁青一带，年平均降雪量在 140 mm 左右，年平均降雪日数为 5 ～ 63 天；嘉黎、边坝等地降雪量在 200 ～ 300 mm，降雪日数在 104 天左右。 积雪深度大值区，与降雪量大值区分布相一致。西藏各地积雪深度受地形影响大，藏北和藏南一些越岭公路垭口和山谷公路大转弯处，以及西藏边境山口，冬半年经常积雪 1 ～ 3 m，有些边境山口积雪深达 4 m，造成积雪封山，人畜难以通行。

（五）气压低，空气密度小、含氧量少

大气中的气压、氧分压（空气中含氧量）随海拔升高而下降。青藏高原平均海拔 4500 m 以上，气压低，空气密度小、含氧量少，人体肺泡气中氧分压和动脉血氧饱和度低是青藏高原气候的重要特征。一般而言，在海拔 3000 m、4000 m、5000 m 处，气压和氧分压分别为海平面的 69.29%、60.9%、53.3%，空气密度分别为海平面的 74.2%、66.9%、60.1%。青藏高原幅员辽阔、地形复杂，各地海拔高度不同，因而各地气压、氧分压和空气密度有所不同。西藏地面年平均气压为 571.1 ～ 769 hPa，氧分压为 119.6 ～ 161.1 hPa，为海平面气压、氧分压的 56.3% ～ 75.8%；地面年平均空气密度为 0.73 ～ 0.94 kg/m³，为海平面空气密度的 59.5% ～ 76.7%。西藏地面极端最低气压、氧分压和极端

最低空气密度皆出现在海拔 4700 m 的班戈站。极端最低气压、氧分压分别为 553.4 hPa 和 115.9 hPa，为海平面气压、氧分压的 54.6%；极端最低空气密度为 0.671 kg/m³，为海平面空气密度的 54.7%。青藏高原，特别是海拔 4000 m 以上地区，气压低、空气密度小、含氧量少，对人体和工程机械性能影响较大，需要予以重视。

不同海拔高度的气压、氧分压和动脉血氧饱和度如表 1-1-1 所示。

表 1-1-1　不同海拔高度的气压、氧分压和动脉血氧饱和度

海拔高度 /km	气压 /hPa	氧分压 /hPa	气压、氧分压相当于海平面值 /%	肿泡气中氧分压 /hPa	动脉血氧饱和度 /%
0	1013.25	212.2	100.0	140.0	95
1	898.7	188.2	88.7	129.3	94
2	795.0	166.5	78.5	102.6	92
3	701.2	146.9	69.2	90.6	90
4	616.6	129.1	60.8	77.3	85
5	540.4	113.2	53.3	66.6	75
6	472.1	98.9	46.6	53.3	70
7	411.0	86.1	40.6	46.6	60
8	356.5	74.6	35.2	40.0	50
9	308.0	64.5	30.4	< 33.3	20 ～ 40

（六）风大沙多，西北多、东南少

青藏高原是我国多大风的地区之一，大风日数是我国东部同纬度地区的几倍甚至数十倍。高原主体部分大风天气特多，昆仑山以南、申扎—曲麻莱—线以西的广大地区年均大风日数都超过 100 天。其中，改则、安多两地分别多达 164.5 天和 158.2 天，是全国为数不多的多大风日台站中的两个。高原上年大风日数最少的地区在雅鲁藏布江与三江流域之间，如察隅仅 1.4 天、波密为 3.8 天。大风日数的多少和地形与海拔高度密切相关。海拔 4000 m 以上，地形开阔，山脉走向与高空西风风向基本一致的地区，全年大风日数多达 160 天，是我国大风日数最多的地区之一；海拔在 3000 m 以下或山脉呈南北走向的地区，大风日数较少。青藏高原不仅大风多，而且风力强，持续时间长。西藏地区曾出现了持续 7 天的 11 级大风，这种情况在我国东部平原地区是十分少见的。青藏高原大风日主要出现在 12 月至翌年 5 月，尤以 2 ～ 5 月大风日数最为集中，占全年大风总日数的 54% 左右。青藏高原风沙日数分布与大风日数分布基本上一致，大致是西部、北部多，东部、南部少。其分布除与大风关系密切外，

还与下垫面状况、地势及地形条件有关。如地势高、地形开阔、植被覆盖稀疏、荒漠化严重的藏北高原是多风沙的地区，年平均风沙日数为 15 ~ 20 天，最多的年份可达 45 天，是西藏风沙日数最多的地区。

（七）山地气候垂直变化显著

青藏高原幅员辽阔、地形复杂，各地海拔高度不同，气候类型有很大的差异，特别是山区具有"一山分四季，十里不同天"的气候特征。尤其是藏南和藏东南地势高差大，同一气候区域内有几种不同的气候类型。从喜马拉雅山南、北两翼和三江高山峡谷区的气象要素以及天然植被的垂直分布情况，可以清楚地看出青藏高原山地的气候垂直变化十分显著。例如，珠穆朗玛峰地区，由于地理位置和海拔高度的不同，珠峰南、北两翼地区气候的垂直变化各具特色。按气象要素和天然植被的垂直分布，珠峰南翼地区可分为高山冰雪带、高山寒冰带、高山寒带、山地寒温带、山地暖温带、山地亚热带 6 个垂直气候带，珠峰北翼地区可分为高山冰雪带、高山寒冰带、高山寒带 3 个垂直气候带。

四、社会状况

（一）人口数量少，分布不均

青藏高原地区地广人稀，面积约占我国总面积的 1/4，而人口则不足全国人口的 1%。从人口密度来看，平均每平方千米 4.48 人，仅为全国人口密度每平方千米约 135.42 人的 3.3%，且人口分布极不均匀。总体而言，青藏高原地区人口分布呈如下特点：一是城镇人口集中，农村、牧区人口分散；二是交通沿线人口多，交通闭塞地区人口数量少；三是低海拔地区人口密度大，高海拔地区人口密度小。青藏高原地区人口主要分布在河惶谷地、柴达木盆地、藏南谷地和川滇藏接壤地区 4 个区域。这 4 个区域行政地域面积只占高原面积的 1/3 左右（如按居民主要活动面积计算，只有 15% ~ 20 %），却集中了高原人口的 80% 以上。而藏北的羌塘高原被称为"无人区"；阿里地区居民主要集中在狮泉河镇以及日土、札达、噶尔、普兰、革吉、改则、措勤 7 个县城及其附近地区，其余地区人迹罕至。青海省人口主要集中在东北部，西部和南部人口稀少。例如，西宁市区人口密度最大，平均每平方千米 2557 人；阿里地区人口密度最小，平均每平方千米只有 0. 22 人。

（二）民族宗教复杂

青藏高原是个多民族居住的地区。高原上居住着汉族、藏族、回族、蒙古族、土族、撒拉族、门巴族、怒族、独龙族、壮族、满族、苗族等 50 多个民族同胞，是我国藏族、门巴族等民族的发祥地，也是我国藏族聚居地。其中，藏族人口约为 532.85 万，占总人口的 48.9%；汉族人口约为 398.3 万，占总人口的 36.5%；回族人口约为 88.78 万，占总人口的 8.15%；羌族人口约为 15.66 万，占总人口的 1.44%。少数民族人口众多，民族成分复杂、宗教信仰各异。该区宗教主要有藏传佛教（喇嘛教）、伊斯兰教、天主教、道教等。其中，藏族、土族、蒙古族等群众主要信奉藏传佛教（喇嘛教），回族、撒拉族等群众主要信奉伊斯兰教。青藏高原绝大多数地区语言文字以藏语藏文为主，汉语汉文也较流行，边境地区民族还通晓境外邻国语言。少数民族人民勤劳勇敢，性格强悍，能歌善舞。但语言复杂，其聚居地域又地处边远山区，自然条件差，交通闭塞，经济文化落后，禁忌多，礼俗烦琐，宗教盛行。不同的历史背景和生活环境，形成了少数民族各自不同的习俗、礼仪和生活习惯，崇拜神灵、禁忌较多。例如，在神座前不能乱讲话；供台两侧不能挂放东西；不能踩火塘；不能伐"神树"；忌挂白色蚊帐；死后习惯土葬、天葬等。

（三）科技教育落后，民众科学素养偏低

科学技术是第一生产力。而青藏高原地区由于地域闭塞、经济落后以及民族、宗教因素影响，人们对科技文化的认知度还不够，人民群众的迷信色彩还非常浓重，导致科技教育落后，人民群众的科学素养普遍偏低。这主要表现在科研院所、大（中）专院校、中（小）学的数量较少，分布不均；科学技术人员数量少，学历、职称偏低；大学、中学、小学在学人员比例远低于全国平均水平；文化事业团体、广播电视台（站）数量少，从业人员少，各类出版物、广播电视节目数量不能满足人民的需求。以西藏自治区为例，第六次全国人口普查时，西藏自治区总人口为 300.22 万，其中接受大学教育的有 16.53 万人，占总人口的 5.5%；接受高中、中专教育的有 13.10 万人，占 4.3%；接受初中教育的有 38.58 万人，占 12.85%；具有小学文化程度的有 109.85 万人，占 36.59%；122.16 万人未接受系统教育，占总人口的 40.69%。2010 年以来，国家加大了可对西藏教育的投入支持，逐渐构建起完整的教育体系。2018 年西藏初中、高中、高等教育的毛入学率分别达到了 99.5%、82.3% 和 39.2%，人均受教育年限已经从第五次人口普查时的 3 年，提高到 9.55 年，但仍低于全国平均水平。由此我们应该看到，尽管近年来西藏地区的科技教育事业取得了很大

的发展，但与内陆发达地区相比，整体的科技教育质量仍然不容乐观。

（四）医疗卫生条件差，医疗机构分布不均

青藏高原地区恶劣的生存条件，使这里成了各种疾病的高发区。而受科技教育及经济发展水平的影响，青藏高原地区医疗卫生事业发展缓慢。首先，广大农牧区医疗卫生条件不能满足人民的需要。在高原的一些牧区，许多牧民骑马奔波十几天甚至一个月才能赶到县里看病。许多乡级卫生院的医生工作在危房中，医疗设备只有听诊器、体温表和消毒锅这"老三样"，常备药品只有几十种。许多村级卫生所形同虚设，或者有地点无医生，或者有医生无器械和药品。以西藏自治区阿里地区为例，辖区面积30.4万 km²、人口约9.6万，仅有医院9所，医疗床位数386张，卫生技术人员456人，医生279人。从分布密度上来看，平均每万平方千米0.3所医院、12张床位、15名医疗卫生人员、9.3名医生；从人均占有量来看，平均8889人有一所医院、207人一个医疗床位、175人一个卫生技术人员、287人一名医生。其次，宝贵的医疗资源却因过度集中在城镇而造成浪费。青海的大多数县一般人口总量较少，但有些县却都同时设置有五六所医疗机构，其中包括综合性县医院、中（藏）医院、防疫站、妇幼保健站和计划生育指导站。虽然医疗机构多，但医疗人才和设备分布不均，有的机构有业务能力强的医生，却没有设备；有的机构有先进设备却缺乏好医生。还有的地方，同样先进且耗资大的设备竟然每个机构都有一台，造成各机构医疗仪器开工不足。例如，黄南州河南县是一个贫困县，人口只有3万多，但早在2000年县医院、中（藏）医院、防疫站、妇幼保健站和计划生育站，每个机构都设有一台B超机。医疗设备的过度集中导致每台B超机平均每天看不了一个病人，造成了设备的大量闲置和设备单人使用费用的大大增加。

五、交通状况

青藏高原地处我国西南边陲，远离祖国纵深腹地和人口稠密、经济发达地区，生存环境恶劣。虽然经过多年的建设，青藏高原交通运输基本上形成了以公路运输为基础，以铁路运输和航空运输为辅助，管道和驮运等兼备的多种运输方式相结合的综合运输网，通信已构成有线、无线、卫星通信相结合的网络，处理国内外通信业务的水平明显提高。但由于地理环境的限制，青藏高原地区与内地相比，交通通信条件比较落后，靠近边境地区交通通信条件更差。青藏高原交通运输主要包括铁路、公路、航空、管道等运输。其中，公路运输是青藏高原最主要的运输手段。青藏铁路的建成通车，在很大程度上缓解了公路交

通运输的压力，使青藏高原与中东部地区的联系更加方便快捷。但总的来说，青藏高原的交通运输较为落后，不能满足该地区经济发展和人民生活的需要。

（一）公路交通基础薄弱，通行不便

中华人民共和国成立以来，经过 70 多年的努力，青藏高原的交通条件已经发生了翻天覆地的变化。青藏、川藏、新藏、滇藏公路的先后开通，对青藏高原经济发展、社会稳定发挥了重要作用。但总体而言，青藏高原地区的公路运输能力有限，难以满足需要。突出表现在以下几方面。一是"少"。西藏自治区只有公路 300 多条，4 万多 km；青海省的"黄、果、树"（黄南、果洛、玉树三个藏族自治州）仍有许多乡镇不通公路或只有季节路。青藏高原公路密度只有 320 km/ 万 km²，远远少于中东部发达地区。二是"小"，路幅窄，曲半径小（有些在 15 m 以内），桥梁负荷小（有些仅为 5～8 t）。三是"险"，多数为等外路或简易路，坡陡、弯急、路窄，受时令影响较大，不少路段只能单向行驶。四是"单"，路线结构单一，多东西走向，多孤立路线，未形成交通网；绝大部分地区仅有公路运输一种手段。尤其是中印边境西段与中段地区，该地区只有新藏公路（新疆叶城至阿里普兰）、黑阿公路（西藏黑河至阿里）、拉普公路（西藏拉孜至普兰）和通往边防一线的 18 条支线公路，总长约 6600 km。黑阿公路、拉普公路路况极差，沿线人烟稀少，水源缺乏。人员、车辆大规模机动十分困难。而且新疆境内人员、车辆进入天空、阿里地区，若经黑阿公路、拉普公路机动，需绕至青海进入西藏，距离长、耗时多。新藏公路全线长达 2140 km，弯多坡陡，道路曲半径小，许多路段比较狭窄，无迂回路，且路况较差，通行能力有限；道路沿线，地形复杂，地势起伏大，气候多变，冬季有冰封雪阻，夏季有山洪、泥石流，常使通行中断，车辆受损；道路沿线缺乏修理车辆的设施。同时，公路沿线缺少油料库站，无法储备充足的油料，客观上造成了青藏高原地区交通的困难。

（二）铁路交通线路少，所处环境复杂

青藏高原铁路仅有青藏铁路一条干线及少量支线，平均密度仅为 8.8 km/万 km²，只有全国平均密度的 11.36%。青藏铁路被称为"天路"，该铁路是世界上海拔最高、穿越冻土里程最长的高原铁路。铁路最高点海拔 5072 m，途经昆仑山、五道梁、沱沱河，翻越唐古拉山，穿越 550 多 km 的多年冻土地段，全线平均海拔在 4500 m 以上。铁路沿线隧道、桥梁多，地质结构复杂。风火山隧道全长 1338 m，轨面海拔标高 4905 m，全部位于永久性高原冻土层内；昆仑山隧道洞口六月飞雪，一天四季，高寒缺氧，氧气含量只有内地平原地区的

一半，最低气温达到 -30 ℃。清水河特大桥位于海拔 4500 多 m 的可可西里无人区，全长 11.7 km，是青藏铁路线上最长的特大桥；三岔河大桥全长 690.19 m，桥面距谷底 54.1 m，是青藏铁路全线最高的铁路桥。这些隧道、桥梁大部分地处无人区，所处自然环境恶劣，加之缺少抢修设备器材，一旦遭受毁坏，将造成铁路交通瘫痪，对交通运输产生极大影响。

（三）航空交通受制因素多，运输能力有限

青藏高原现有民用机场包括青海省曹家堡机场、格尔木机场，西藏自治区拉萨机场、日喀则机场、林芝机场、昌都邦达机场，四川省九寨沟机场等。这些机场大部分可以起降大、中型客机，是进藏物资运输的重要方式。但受客观因素的制约，青藏高原航空交通的运输能力有限。一是飞行安全高度高。由于青藏高原是举世闻名的"世界屋脊"，这里的一些航线也有"世界屋脊航线"之称。这些航线的飞行安全高度昌都以东为 7500 m、昌都以西为 8600 m 以上，山岭终年冰雪覆盖。二是导航台少。高原山区航线上，明显的地标少，由于地形影响，供航线导航用的导航台少，给飞行和领航以及空中交通管制带来困难。三是备降机场少。所以航线飞行必须携带往返油料。四是气候复杂。冰雪、云雾、大风、雷雨等对飞行十分不利，且高原山区航线和机场天气变化快，给航站和航路天气预报的准确性带来一定的困难。五是机场主要分布在高原南部和东部地区，不便于人员和物资向高原西部地区的运输。

（四）传统交通方式大量存在，是现代交通运输的重要补充

由于青藏高原地区地域辽阔、自然环境复杂，加上生产方式和生活方式的影响，民间传统运输方式作为现代化交通运输方式的补充还大量存在，并发挥着积极作用，大大缓解了公路、铁路、航空运力不足给人们生活带来的不便。就畜力运输而言，主要有驮羊、驮牛、马匹、驴帮、骡帮等。驮羊是藏北那曲市、阿里地区及日喀则市农区、集镇进行货物交换的重要交通工具；驮牛运输主要分布在藏北高原和藏南谷地，其作为藏族人民长途运输的重要交通工具，对青藏高原经济的发展和繁荣起着重要作用，素有"高原之舟"的美称；马匹则主要在拉萨、山南和昌都作为工农业运输工具，特别在交通闭塞、道路崎岖的地区，马匹成了主要的交通工具。另外，驴帮、骡帮运输，也是目前青藏高原畜力运输的重要方式，可以有效地补充汽车运力的不足。就人员通行而言，溜索、藤桥、牛皮筏、羊皮筏、独木舟等通行方式对适应青藏高原地区峡谷众多、河湖遍布的自然环境，也将长期存在。

六、经济状况

由于历史和地理的原因，青藏高原的经济发展水平仍然比较落后，产业规模小，生产力水平低，资源配置和开发能力严重不足。但林业资源、动植物资源、畜牧业资源、矿产资源相对丰富，为地区经济发展奠定了雄厚的物质基础。同时，高原内部地区差距明显，青海省的发展水平明显较高，该省生产总值占整个高原总量的 61.2%。特别是西宁市，面积仅占高原总面积的 0.3%，工业生产总值却占高原工业生产总值的近 1/4。同时，由于过去人们对青藏高原的环境价值认识不足，加之人类在经济活动中对自然资源开发利用的盲目性、随意性，原本就比较脆弱的高原生态环境承受着更大的压力，产生了诸如雪线上升、水源枯竭、草场退化等后果。《中国可持续发展战略报告》指出，西藏自治区实现现代化的时间为 2090 年，是全国最后一个实现现代化的省区。但这一结果的前提是，西藏自治区需保持目前的环境质量状况，如果无法保持目前的生态环境状况稳定，那么西藏的现代化之路也许会变得更加曲折、漫长。

（一）工农业落后，制约经济快速发展

青藏高原地区由于受自然条件等综合因素的影响，工农业发展比较落后。农业方面，一是农区面积所占比例小。青藏高原农业区主要分布在高原东北部的河湟谷地、高原南部的日喀则、山南以及高原东部的昌都，面积约为 115 万 ha。加之近年来国家推行退耕还林、还草政策，青藏高原地区的农区面积将进一步缩小。二是适合种植的农作物品种偏少。青藏高原的农作物分高原和低地农作物两类，高原农作物主要有：青稞、荞麦、豌豆、马铃薯、油菜、圆根、萝卜、圆白菜等。低地农作物主要有：稻谷、鸡爪谷、玉米、辣椒、大蒜、韭菜、黄瓜、扁豆等。种植业中的四大作物——青稞、小麦、油菜、豌豆皆属喜冷凉作物，特别是青稞只适宜该地带种植。农作物的耕作制度一般随海拔不同而相应地发生种类更替变化。青稞在青藏高原是普遍种植的作物，随海拔升高种植面积不断加大，最后成为高寒地区的单一作物。三是农作物产量不高、产值偏低。由于特殊的自然环境，加之时有自然灾害发生，区域内粮食产量不高。尽管中华人民共和国成立以来，特别是国家实施"西部大开发"战略以来，青藏高原地区的工业发展取得了长足的进步。但总体来看，由于工业基础薄弱，工业发展极不平衡，与全国相比较为落后，这成为青藏高原地区经济发展的最大制约。青海省工业发展相对发达。"十三五"期间，青海工业增加值保持 6% 的增速，

高于全国平均水平 0.1 个百分点，2019 年实现工业增加值 821.9 亿元，2015 年增加值为 305.5 亿元；而西藏自治区，虽然工业增加值增速高达 10.3%，但由于基数较低，2019 年工业增加值为 131.7 亿元，2015 年增加值仅为 58.2 亿元。

（二）资源丰富，开发潜力巨大

青藏高原地区地大物博，资源丰富。动物资源方面，青藏高原有哺乳动物约 200 种，鸟类约 500 种，爬行类动物 50 多种，两栖类动物 50 多种，鱼类近百种，昆虫类 2300 多种。其中，许多为国家级保护动物，甚至是世界珍稀动物，如白唇鹿等。植物资源方面，青藏高原堪称植物的天然博物馆。青藏高原 5000 余种野生植物中，有经济利用价值的达 1000 种，尤以药用植物著称，常用中草药有 400 多种。比较著名的有藏红花、雪莲、冬虫夏草、贝母、胡黄连、大黄、天麻、三七、党参、丹参、灵芝等。矿产资源方面，青藏高原地区是我国矿产资源富集区，现已发现各类矿产 200 多种，探明储量的矿种有 100 多种，探明矿区 700 余处。其中，青海省已探明大型矿床 119 处、中型矿床 144 处。主要矿种包括铬铁、锂、铜、硼、镁、重晶石、砷、白云母、石膏、芒硝、陶瓷土、硫、磷、钾、硅藻土、冰洲石、刚玉、水晶、玛瑙等。具有潜在价值的为 62 种，矿产保有储量潜在价值约 17.3 万亿元，占全国矿产保有储量潜在价值的 19.2%。青海省柴达木盆地的盐湖资源具有储量大、品位高、类型全、分布集中、组合好等特点。另外，青海非金属矿产资源也很丰富，石棉、电石用石灰石、蛇纹岩、玻璃用石英岩、冶金用石英岩的储量在全国也名列前茅。青海省柴达木盆地的石油、天然气资源有较好的成矿条件，盆地内共发现油田 16 处、气田 6 处。石油资源有 12.44 亿 t，已探明 2 亿 t；天然气资源已探明 472 亿 m^3。水能资源方面，年平均天然水能蕴藏量约为 3 亿 kW，约占全国总量的 45%。尤其是西藏地区，地表水资源量为 4482 亿 m^3，约占全国总量的 14.3%；地下水资源总量为 1107 亿 m^3；冰川水资源总量为 3300 多亿 m^3。水资源总量、人均水资源拥有量、亩均水资源占有量、水能源理论蕴藏量 4 项指标位居全国第一。年平均天然水能蕴藏量约为 2 亿 kW，约占全国总量的 30%，理论年发电量约为 18000.15 亿 kW/h，技术可开发量为 116000 MW。在众多河流中，以雅鲁藏布江、怒江、澜沧江、金沙江水力资源最为丰富，其技术可开发量占到西藏全区的 85.6%，可开发梯级电站规模多在 1000 MW 以上，个别甚至可以建设 10000 MW 级的巨型电站，是全国乃至世界少有的水力资源富集区。青海省境内水能理论储量在 1 万 kW 以上的河流有 108 条，水能总储量达 2337.46 万 kW，人均水能储量是全国人均水平的 8 倍。尤其是黄河干流龙羊峡至寺沟峡 276 km 的河段上，水量充沛，河道狭窄，地质条件好、淹没损失小，开发成本低，被誉为我国水能资源的"富矿"区，目前已建成的大型水电站有龙羊峡、李家峡、公伯峡、积石峡水电站等。

（三）旅游业作为新兴产业，正在蓬勃发展

青藏高原地区旅游业是全区发展最快、潜力最大的特色产业，尤其是青藏铁路的开通，更加给青藏高原的旅游业带来了前所未有的机遇。青藏高原地区凭借独有的自然和人文旅游资源，现已形成具有各自特点的拉萨、藏西、藏西南、藏南、青海湖、"香格里拉"、阿坝旅游区。其中，拉萨旅游区的大昭寺、小昭寺、布达拉宫、八廓街、罗布林卡和"三大寺"（甘丹寺、哲蚌寺、色拉寺）享誉中外，是世界人民向往的旅游仙境。青海湖旅游区的"鸟岛"每年春季有 10 多万只从中国南方和东南亚以及印度半岛飞来的 10 多种候鸟在这里繁衍生息；"盐桥"由厚达 15 ～ 18 m 的盐苔构成，全长 32 km，可达万丈，被称为"万丈盐桥"，景致之美，举世无双。"香格里拉"旅游区，山川雄奇，梅里、白茫、哈巴、巴拉格宗等气势磅礴的雪山群突兀林立，神女湖、碧塔海、属都湖、纳帕海、天鹅湖等娴静淡雅的高山湖泊星罗棋布。其间珍稀植物丰富多样，珍禽异兽数不胜数。阿坝旅游区自然风光秀丽、迷人，民族风情浓郁，旅游资源丰富，风景名胜众多。九寨沟、黄龙寺、四姑娘山以及卧龙自然保护区、米亚罗红叶温泉风景区、卡龙沟风景区等风景秀丽，美不胜收。而独特的藏羌民族风情、神秘的藏传佛教文化更是每年都吸引了大量的中外游客。

第二节　高原寒区地域环境对工程机械运用
及维护保养的影响

一、对工程作业人员的影响

（一）低压缺氧对作业人员的影响

青藏高原平均海拔 4500 m 左右，最突出的气候特点是气压低、空气稀薄，含氧量少。众所周知，氧是保持人体生理机能正常和维持生命不可或缺的气体。当动脉血氧饱和度下降到 90% 以下时，人体便感到不适应而产生一系列症状，

称为高原适应不全症或高原病。实践表明，当人员到达海拔 2000 m 处，空气中氧分压为海平面的 78.4%，人体生理机能即开始发生变化。如心率加速、血红蛋白增加、胃酸分泌减少等。然后，每上升 1000 m，人体所需氧气约下降 10%，海拔越高空气中含氧量越少，高原反应发病率越高。在青藏高原，特别是在海拔 4000 m 以上地区，由于大气中含氧量比海平面低 40% 以上，动脉血氧饱和度在 85% 以下，人员易发生高原反应、高原肺水肿、高原昏迷（高原脑水肿）、高原心脏病、高原血压异常症、高原红细胞增多症等高原适应不全症。

（二）强光照射对作业人员的影响

太阳辐射是人类生存的重要环境因素，适量的辐射有益于人体健康，而过量辐射可危害人体健康，导致各种病变。青藏高原海拔高，空气稀薄，日照时间长，太阳辐射强。太阳辐射对人体作用主要是光化学效应，长时间强烈的太阳照射，可使人体机能发生一系列变化，对人体造成危害。红外线对人体的影响主要是热效应，适量的红外线照射可促进新陈代谢，加速炎症及代谢产物的吸收和机体组织的再生能力；过量的红外线照射，能使人体温度调节机制发生障碍，使人员体温上升，呼吸加快，耗氧量增加。在高原缺氧情况下，长时间强红外线照射，易导致各类高原反应症发生和病情加重。对人员影响和危害最大的是强烈的紫外辐射。青藏高原海拔高、空气稀薄，太阳照射到地面的紫外辐射比平原地区要强烈得多。在海拔 3500 ～ 4500 m 处，短波紫外辐射量为海平面的 3 ～ 4 倍。地球表面接收到的紫外辐射分 A、B 两波段。A 段波长 0.32 ～ 0.40 μm，可引起皮肤变红并导致鳞状细胞癌。紫外线 B 段波长 0.275 ～ 0.320 μm，可射入皮肤内部，使毛细血管扩张和充血，对人员机体细胞有强烈的刺激破坏作用，造成皮肤损伤，导致红斑、光毒性皮炎、光敏性皮炎、日光角化症、雪盲等各种病变。

（三）严寒风雪对作业人员的影响

青藏高原海拔高，冬春季节气温低，大风和雪暴（又称暴风雪）多，降雪积雪期长，天气严寒。在天气突变、气温骤降、风雪交加的情况下，往往会发生大量人员冻伤。人体在寒冷环境中热量散失大，体温下降快。当局部温度降至机体组织冰点以下时，即可发生冻伤。冻伤程度随气温降低程度和在低温环境下持续时间增加而加重。在低温下，有风时可使空气传导、对流作用加强，风速越大，体热散失越快，人体感到越寒冷，发生冻伤越严重。在低温寒冷环境下，空气潮湿和雨雪可破坏防寒服装的保暖性，使体热散失增大，体温下降，促进或加重冻伤。当气温低于人体温度时，人体热量向外扩散的速率，既取决于人体和环境温差大小，又随风速、湿度增大而提升。在同样低温条件下，当风大且降雪时，人员会感到特别寒冷。科学试验和实践表明，身体裸露的人处于气温 0～20 ℃条件下，风速每增加 1 m/s，人员体感温度下降 2～3 ℃；人员处于-40～-20 ℃情况下，风速每增加 1 m/s，人员体感温度下降3.4～4.6 ℃。另外，湿空气和水传播寒冻的能力，比干燥空气大得多。低温下湿度越大，散热越快，直接与水接触散热更快。在 5 ℃水中，裸体浸泡 20～30 min，即可发生冻僵；人员处于冷水中，通常存活时间不会超过 6 h。青藏高原河流、湖泊水温低，当人员落入低温或接近冰点的河流、湖泊中时，极易造成冻伤。当人员被雪体掩埋时，通常只能坚持几分钟到几十分钟的生存时间。因而在高原积雪、冰川地进行生产活动，特别是在暴风雪条件下，极易发生人员冻伤，应严加防范。

二、对工程机械作业的影响

高原地区与内地相比，其特点是海拔高、气压低、空气含氧量少，多年冻土地段长，气候严寒多变，有些地区降雨量少、日照辐射强、干旱严重、风沙大、缺水。这种自然条件会带来由于缺氧，造成的人员和机械的作业能力降低、组织指挥困难等不利因素。

（一）低温、严寒条件下，工程机械启动困难

严寒条件下车辆启动困难的主要原因是，润滑油黏度高，曲轴旋转阻力增大，蓄电池工作能力降低和燃油汽化条件不良。润滑油黏度和曲轴旋转阻力会随温度降低而急剧增大。在低温下蓄电池电解液黏度增加，渗透能力下降，蓄电池端电压和容量下降，会导致启动机输出功率降低。另外，因进气管内温度低，燃油雾化不良，会进一步造成启动困难。汽车通行试验表明，气温在-20 ℃以上，只要车况良好，油电路正常，润滑油符合要求，采用常规启动方法，一般在 15 min 内即可启动。在 -30 ℃以下，车辆启动困难，需用喷灯、热水或启动液和车辆快速启动器等启动。在海拔 4000 m 附近，气温 -25～-35 ℃下组织摩托化机动时，出车前准备工作通常需要 0.5～1 h。

严寒地停车时间较长时，需把散热器、发动机内的水放尽，否则易因冷却水结冰而冻裂缸体。在低温下，蓄电池充电不足，电解液密度下降，易发生冻结。电解液密度越小，冻结温度越高。

汽车在低温下行驶，发动机运转阻力大，汽油汽化不良，不利于混合气燃烧，耗油率和百千米耗油量增加。在连续工作情况下，当发动机冷却水温由 85 ℃

降到 50 ℃，百千米耗油量提升 20% 以上。另外，在严寒条件下，因车辆启动后加水提温时间长，起步后需低档行驶一定距离；为防冻坏水箱发动机需经常发动车辆等，这些皆会致使燃料消耗明显增加。

车辆行驶中，发动机连续在低温下运转，由于雾化不良的混合气冲刷缸壁，加强了电化学腐蚀作用，使磨损加剧。据试验，水温由 80 ℃下降到 50 ℃时，发动机磨损量增大 1.8 倍，下降到 30 ℃磨损量增大 4.8 倍。在 -18 ℃启动并预热发动机，要比在 15 ℃启动并预热发动机的磨损量增大 5 ～ 8 倍。

（二）积雪、大风条件下，工程机械机动力下降

工程机械在被冰雪覆盖的道路上行驶，其附着力下降，易出现打滑、侧滑等现象；在深雪道上行驶阻力增加，驾驶困难，易发生事故。青藏高原地形复杂，人员、车辆机动对公路依赖性大。青藏各主要公路干线和各简易公路干线每年 9 月下旬至翌年 6 月，经常因雪灾中断交通。青藏高原地区公路多穿越高山峡谷，积雪对车辆机动速度、爬坡能力和行车安全影响都很大。一是积雪深，车辆机动速度下降。在平原地区，轮胎车辆可行驶的雪深上限为 40 ～ 45 cm（前后轮均需加防滑铁链，先头车配扫雪设备）；履带车辆越野机动时，雪深上限为 60 ～ 70 cm。在海拔 4000 m 左右，由于车辆发动机功率下降，可行驶积雪深度降低，轮胎车辆可行驶的雪深上限为 30 ～ 35 cm；履带车辆可行驶的雪深上限为 50 ～ 60 cm。车辆行驶速度随积雪深度增加而减小。二是积雪地车辆行驶爬坡能力降低。各型车辆在积雪地行驶时，当雪深达 5 cm 时，载重汽车通过 12° 的山坡比较困难；若积雪地路面倾斜角超过 50°，则易发生侧滑甚至翻车。当积雪深达 20 cm 时，履带车辆一般只能通过 15° 以内的上下坡和 12° 以内的侧倾坡；安装防滑板的履带车辆，可以通过 25° 以内的上下坡和 15° 以内的侧倾坡度；每边翻装 8 ～ 10 块履带板，可通过 30° 以内的上下坡和 25° 以内的侧倾坡。三是冰雪面路滑，车辆机动中事故多。车辆在冰雪路上行驶，易出现滑转、滑移、侧（横）滑，使制动距离延长。车辆在高原山区积雪地行进时，上、下坡或沿山坡公路行驶，因雪深路滑极易发生翻车、掉沟和碰撞事故。如川藏公路东段的第一座大山二郎山，公路垭口最高海拔 2987 m，距山脚相对高差约 1334 m；公路越岭线由峰子河（东麓）至甘谷（西麓），全长 28 km，海拔 2100 m，是二郎山冬季稳定积雪分界线。该路段每年 9 月底或 10 月初开始积雪，至翌年 4 月初化雪解冻，长达半年之久，积雪深 0.6 ～ 1.0 m，表层严重结冰，尤以海拔 2500 m 以上更为严重。

（三）高寒缺氧条件下，工程机械作业效率降低

高原寒区气压低、含氧量少、空气密度小，对车辆通行影响大，主要表现在：车辆发动机功率下降，载重量减小，机动速度减慢，水和燃油沸点降低，耗油量增大。一方面，各型车辆发动机功率和机动速度随海拔升高而下降。高原空气稀薄，发动机功率降低。通常海拔每升高 1000 m，汽车发动机功率下降 9% ～ 13%，海拔越高下降值越大。例如，某型发动机最大功率在海拔 2000 m 处较海平面下降 20 %；在海拔 4000 m 处约下降 50%。而且发动机转速越高，下降越明显。在海拔 4000 m 处转速为 1500 r/min 时，功率下降 22 马力；转速为 2700 r/min 时，功率下降约 36 马力。不同型号汽车发动机功率随海拔升高下降值有所不同。某型发动机在海拔 3000 m 处，最大功率为海平面的 66.7%；海拔 5000 m 处为海平面的 48%。在海拔 3600 m 处试验表明，气缸压缩力比标准压力下降 3 ～ 4 kg/cm^2，制动表气压下降 2.5 kg/cm^2 左右，并且海拔越高下降越大。另外，高原空气稀薄，水和汽油沸点低，燃料消耗大。水和汽油沸点随海拔升高、气压降低而下降，冷却水易沸腾，供油系统易形成气阻，造成供油减少或中断。例如，汽油在海平面沸点一般可达 90 ℃，但在海拔 5000 m 处，40 ℃即开始沸腾，易造成发动机温度升高，机械磨损增大，导致发动机功率下降，载重量减小。随海拔升高，空气密度下降，发动机进气量减少，造成混合气过浓，燃烧不完全，耗油量增加。此外，高原低氧环境下，人体机能下降，徒步（徒手或负重）行进，节奏慢，易疲劳。实践表明，在海拔 3000 ～ 4000 m 平坦地区，昼间行进时速一般为 2.5 ～ 3.5 km；4000 ～ 5000 m 处，时速为 1.5 ～ 2.5 km；5000 m 以上，时速通常低于 1. 5 km。在雨雪、大风沙和暗夜条件下，行进速度和登高能力进一步降低。冻土层较深时，机械作业困难，效率降低，多数工程机械如果不采取相应的措施，则很难进行作业。

三、对工程机械维护保养的影响

（一）低压高寒，工程机械故障率高

低压缺氧环境下，润滑油、液压油的黏度升高，使有关零部件的摩擦阻力增大，功率消耗增加，燃油雾化受到影响，进而使发动机启动困难，冷却水易冻结，造成气缸体、散热器、水泵等部件冻裂。在气温低于 −25 ℃时，甚至会使运转中的机械冷却系统的某些部分冻结，造成机械故障。金属材料在低温下韧性下降，易出现零部件断裂，由于零部件的收缩和橡胶、塑料制品的弹性减弱，

密封性变差，易出现油、气系统的泄漏。

（二）环境恶劣，工程机械维修保障困难

一是空气稀薄影响工程机械作业效率的发挥，致使作业周期延长。经实地测试，在海拔 4000 m 以上，发动机功率下降 30% ～ 40%，机电设备性能仅达设计标准的 60%，机械部件、油品、水管易发生冻结，金属零部件易冷缩变脆，弹性和强度下降，各种橡胶、皮革、塑料等材料易硬化破裂，工程机械自然损坏率增高，执行工程作业任务的效率降低。二是自然磨损使工程机械损坏明显增高。西藏地区受地形和道路影响，工程机械主要依靠自行方式进行机动。由于大部分工程机械都要从驻地开进工程作业地点，因而行程较远。据测算，每台／辆工程机械的机动行程都在 100 km 以上，这样不仅在途中消耗了大量的摩托小时，而且在山路崎岖、弯多坡陡、曲半径小的路段上行驶，加剧了机件的磨损，故障率明显提升，维修难度加大。三是维修技术人员能力大大降低。由于高原寒区气候恶劣，机械操作工和修理工在 4000 m 以上高原地区工作，都会出现不同程度的头痛、心慌、气短、食欲不振、恶心呕吐、疲乏无力、面部浮肿、鼻衄等高原反应，严重影响了工程机械的使用与维修效能。

（三）地广人稀，维修器材筹措困难

高原寒区自然环境恶劣，人烟稀少，经济落后，资源缺乏，工业基础薄弱，经济自给性较差，维修器材加工和筹措无社会依托。另外，该地区少数民族占总人口的 90%，宗教文化相当复杂，与民众沟通协作相对困难，工程机械维修器材就地筹措极为困难。

（四）点多线长，维修器材供应困难

青藏高原地区多为山地，山势险峻，雪峰林立，坡陡谷深，冲沟、雨裂、断崖遍布，受地形条件限制，为提高工程建设进度可多点同时作业，维修保障工作存在点位多、线路长、难度大等特点。加之道路单一，路况低劣，且冬季多暴风雪，夏季多山洪和泥石流，工程机械维修器材运输补给困难。另外，青藏高原地区山体大多比较巍峨高大，导致通信联络不畅，这又给维修器材保障工作的组织增添了许多难度。

（五）空气稀薄，后勤保障要求高

青藏高原空气稀薄，水沸点随海拔升高、气压减小而降低。在青藏高原海拔 3000 m 以上地区，水沸点低于 90 ℃，使用普通灶具做饭、烧水，水烧不开（达不到 100 ℃）、饭做不熟。再加上高原缺氧影响人体消化和吸收功能，易

发生腹泻和消化不良，并易导致各种疾病。为保障人员在高原地区吃上熟食、喝上开水，应配备适应高原需要的高压锅等特制炊事用具。在无高原炊具情况下，可利用普通灶具制作熟食，但燃料消耗量大，需要时间长。考虑到缺氧环境下人员消化功能降低，人员初到海拔 4000 m 以上地区，普遍食欲下降，进食量通常降低 25% ～ 50%。进食量少导致摄入热量不足，体重减轻，体质下降，易患发高原适应不全症和各种疾病。需搞好人员营养补充，保障人员吃上热食、熟食，提高低氧环境下的适应能力。同时，寒冷环境下，由于人体基础代谢增强、体温散热加快，每人每日所需热量，较常温下提升 10% ～ 15%。当缺氧时，因呼吸、循环系统的代偿作用，使机体代谢率加大，所需热能进一步增加。高原严寒条件下，每人每日消耗热能一般为 14653.8 ～ 16747.2 kJ，相当于在平原地区从事重体力劳动时消耗的热能。

第二章 典型工程机械应用

第一节 推土机应用

推土机是以履带或轮胎式牵引车或拖拉机为主机,在前端装有推土装置,依靠主机的顶推力,对土石方或散状物料进行切削或推运的铲土运输机械。一般适用于 100 m 运距内的开挖、推运、回填土壤或其他物料作业,还可用于完成牵引、松土、压实、清除树桩等作业。在高原寒区可能用于: 清除作业地段内的小树丛、树墩和石块等障碍物;构筑路基,维护和抢修道路;构筑工程机械掩体、工程建筑物平底坑和阻绝性障碍;填塞壕沟、深坑,修筑机场,平整场地及进行覆土作业;急造道路和在沾染地域内开辟通行道路。

一、构筑路基作业

(一)构筑填土路基

构筑填土路基又称填筑路堤,是将预筑路基外的土壤,移填于设计标高以下的地段,以达到道路断面设计要求的作业方法。其分为横向填筑和纵向填筑两种。由路基两侧或一侧取土,沿路基横断面填筑为横向填筑,多用于平坦路段;由路基高处或路基外取土,沿路基纵轴线填筑为纵向填筑,多用于山丘坡地。实施构筑填土路基作业时,除应遵循构筑填土路基的一般要求外,还应根据运距、取土位置和填筑高度,确定作业、行驶方法。横向构筑填土路基的方法应视铲刀的宽度、路基的高度、取土坑的宽度及位置而定。如用综合作业法施工,最好是分段进行,分段距离一般为 20 ~ 40 m,这样可增大工作面,便于管理,从而加速工程进度。

一侧取土或填土高度超过 0.7 m 时,取土坑的宽度必须适当增大,推土机铲土的顺序,应从取土坑的内侧开始逐渐向外。推土作业可采用穿梭作业法进行,其线路如图 2-1-1 所示。在施工过程中,推土机铲土后,可沿路堤直送至路基坡脚，卸土后仍按原线路返回到铲土始点。这样同一轮迹按堑壕运土法送两三刀就可达到 0.7 ～ 0.8 m 的深度。此后推土机做小转弯倒退，以便向一侧移位，中间应留出 0.5 ～ 0.8 m 的土垄。然后，仍按同一方法推运侧邻的土，如此向一侧转移，直到一段路堤筑完。最后，推土机反向侧移，推平取土坑上遗留的各条小土堤。

当最大运距不超过 70 m，填筑高为 1 m 以下路基时，应采用横向构筑填土路基作业。作业时，可在取土坑的全宽上分段逐层铲土。两侧取土时，每段最好用两台推土机并以同样的作业方法，面对路中心线推土，但一定要推过中心线一些，并注意路堤中心的压实，以保证质量。图 2-1-2 为两侧取土的作业线路。

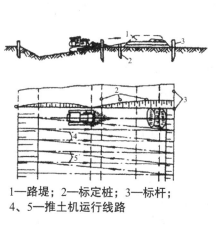

1—路堤；2—标定桩；3—标杆；
4、5—推土机运行线路

图 2-1-1　穿梭作业的线路

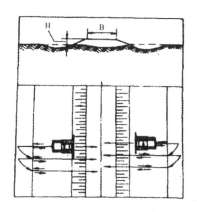

B—路基宽；H—路基高

图 2-1-2　两侧取土的作业线路

当填土路基的填筑高度超过 1 m 时，推土机作业困难，为减小运土阻力，应设置运土坡度便道，如图 2-1-3 所示。便道的纵坡坡度不大于 1 : 2.5，宽度应与工作面宽度相同，坡长为 5 ～ 6 m，便道的间隔应视填土高度和取土坑的位置而定，一般不应超过 100 m。

在水网地段构筑填土路基时，首先要挖沟排水，清除淤泥。填筑长 50 m以内、高 1 m 以下的路基，且两端有土可取时，可用推土机从两端分层向中间填筑。填筑长 50 m 以上、高 1 m 以上的路基时，用铲运机或装载机、挖掘机配合运输车，铲运渗水性良好的沙性土壤或碎石，自路中心线逐渐向两侧分层填筑。必要时用碎石、砾石、粗沙等材料，构筑厚 7 ～ 15 m、透水路基隔离层；用推土机进行平整作业。

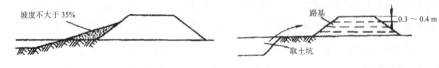

图 2-1-3　进出口便道　　　　　　图 2-1-4　分层填筑

（二）构筑挖土路基

构筑挖土路基，又称开挖路堑，是指铲除预筑路基标高以上的余土，以形成路基的作业。其分为横向开挖和纵向开挖两种。当路堑深度较大，不能进行路侧弃土时，采用纵向开挖；当路堑深度不大，且能将土运到路侧弃土堆时，采用横向开挖。推土机构筑挖土路基时，应根据作业地段挖土深度和弃土位置，确定作业方法。当挖深在 1 m 以内时，采用穿梭法进行横向分层开挖；当挖深大于 1 m 且无移挖作填任务时，上部尽量横向开挖，底部纵向开挖；当挖深大于 1 m 且有移挖作填任务时，采用堑壕式运土法作业。

横向开挖路基时，作业可分层进行，其深度一般在 2 m 以内为宜。如路基较宽，可以路中心为起点，采用横向推土穿梭作业法进行，将从路堑中央开挖的土壤，推到两边弃土堆，当推出一层后应调头向另一侧推运，直到反复调头挖完为止，如图 2-1-5 所示。若开挖的路基宽度不大，作业时可将推土机放置在与路基中线垂直的位置，或与路基中线成一定角度，沿路基开挖顶面全宽铲切土壤，并将土壤推运到对面的弃土堆处，再将推土机退回取土处，直至将路基开挖完毕。当开挖深度超过 2 m 的深坑道路时，则需与其他机械配合施工。采用任何开挖路基的作业方法，都必须注意排水问题。在将近挖至规定断面时，应随时复核路基标高和宽度，避免超挖或欠挖。通常在挖出路基的粗略外形后，再用平地机和推土机来整修边坡、边沟，整理路拱。

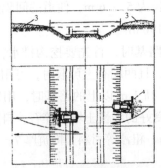

1、2—第一台、第二台推土机穿梭作业法；3—弃土堆

图 2-1-5　横向构筑挖土路基

　　山坡地面较陡时，上坡一侧不能弃土，应向下坡一侧弃土。挖到一定深度后，可改用缺口法弃土，如图 2-1-6 所示。缺口间距一般为 50 ～ 60 m，推土机将缺口位置左右的土方挖除，再经缺口通道推向弃土堆。纵向开挖路基时，一般是以路堑延长在 100 m 范围内作业，常用推土机做纵向开挖。为便于排水和提高作业率，可采用斜坡推土。一般推土机做横向推土的运距为 40 ～ 60 m，做纵向推土的运距为 80 ～ 120 m。开挖时的施工方法仍按深槽运土法，并从两侧向中间进行，根据工程要求，留出侧坡台阶。

图 2-1-6　缺口法弃土

（三）构筑半挖半填路基

　　半挖半填路基是从预筑路基的高侧挖土，填至低侧而形成的路基。构筑半挖半填路基时，应根据作业地段横坡度的大小，确定机械的作业、行驶方法。当横坡度小于 15° 时，可采用固定铲推土机阶梯运行法横向作业；当横坡度大于 15° 或地形复杂时，最好用活动铲推土机旁坡切土法纵向作业。作业时应将铲刀的平面角调到 65°，倾斜角调到适当程度，然后从路基内侧的边缘上部开始，沿路的纵向铲切土壤，并逐次将土铲运到填土部位，如图 2-1-7 所示。

图 2-1-7　构筑半挖半填路基

挖填断面接近设计断面时，应配以平地机修整边坡，开挖边沟，平整路面，修筑路拱，并用压路机压实路基和路面。作业地段多为山坡丘陵地，机械不宜全线展开作业，或遇有岩石时，还须配以爆破作业。如山腹坡度较陡或地形条件复杂，应设法构筑平台；而后以平台为基地，沿路线纵向铲切土壤进行填筑。作业时，靠山坡内侧应比外侧铲土稍深，使推土机向内倾，并注意留出边坡，减少超挖。

（四）构筑移挖作填路基

填土路基是将预筑路基超高地段的土壤，纵向铲挖移运并填于低凹地段，而构筑形成的路基。构筑移挖作填路基时，应根据运距确定机械的作业方法。当运距在 50 ~ 100 m 时，推土机采用重力助铲法铲土，堑壕式或并列式运土法运土，直线或穿梭法运行。在移挖作填的地段上构筑路基，应先做好准备工作，如在未来路堑的顶端和填挖衔接处以及路的两侧用标杆或就便器材进行标示；铲除挖土地段的障碍，设好填土地段的涵管等。在挖土地段上构筑路基，下坡铲运弃土少，最为经济。作业时，应分层开挖、分层填筑，每层厚度在 0.4 m 左右，如图 2-1-8 所示。

图 2-1-8　构筑移挖作填路基

二、铲除障碍物作业

（一）清除树木和树墩

进行土方作业时，常会遇到树木、树墩等妨碍作业的障碍物，作业前应将其推除。由于树木、树墩的粗细和大小各不相同，推除时应根据具体情况，采用不同的作业方法。树木直径在 10 ~ 15 cm 时，铲刀应切入 ±（15 ~ 20）cm，以 I 速前进，可将其连根铲除，如图 2-1-9 所示。伐除直径为 16 ~ 25 cm 的独立树木时，应分两步伐除：第一步将铲刀提升到最大高度（铲土角调整为最小），推土机以Ⅰ速进行推压树干；第二步当树干倾倒时，将推土机倒回，而后将铲刀降于地面，以Ⅰ速前进，当铲刀切入树根后，提升铲刀，将树木连根拔除，如图2-1-10所示。

图2-1-9　铲除小树和灌木　　　　图2-1-10　伐除直径为16～25 cm的树木

伐除直径为26～50 cm的树木，其作业程序基本与上述相同，为便于推除，可借助土堆法和切断树根法两种方法，如图2-1-11所示。借助土堆法，即在树根处构筑一坡度为20%的土堆，推土机在土堆上将树干推倒，此时，铲刀应提升到最大高度。切断树根法，即用推土机先将树根从三面切断，铲刀应入±（15～20）cm，然后将铲刀提升到最大高度，将树向树根没有切断的一面推倒。若土堆法和切断树根法结合起来使用，还可推除直径更大的树木。

推除树墩比推除树木要困难一些，因为树墩短，铲刀的推压力臂小。推除树木直径为20 cm以下的树墩时，使铲刀入±（15～20）cm，以最大推力推压；然后，在推土机前进中提升铲刀，将树根推除。若推除较大的树墩，可先将树墩的根切断，而后再按上述方法推除之，如图2-1-12所示。

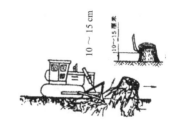

图2-1-11　伐除直径为26～50 cm的树木　　图2-1-12　铲除树墩

（二）清除积雪、石块和其他障碍物

清除道路上的积雪或在雪地上开辟通行道路，均可用推土机进行。作业时，若使用活动铲推土机，则应从路中心纵向推运（平面角调至65°），把积雪推移到路的一侧。若使用固定铲推土机纵向推运，则需在推运过程中多次转向和倒车，将积雪推到路的一侧或两侧。在条件许可的情况下，应将铲刀加宽和加高，进行横向推运。根据雪层的厚度和密度，作业时应以尽量高的速度进行。

在构筑道路时，遇有需推除的孤石，可先将孤石周围的土推掉，使孤石暴露；推时先用铲刀试推，若推不动，则继续铲除周围的土，当石块能摇动后，将铲刀插到石块底部，平稳结合离合器（TY120 型），根据负荷逐渐加大油门，并慢慢提升铲刀，即可推除孤石。如使用推土机推运石碴和卵石，最好使刀片紧贴地面，履带（或轮胎）最好也在原地面上行驶。如石碴较多，推土机应从石碴堆旁边开始，逐步向石碴的中心将石碴推除。推石碴时，无论前进或倒车都要特别注意防止油底壳体及变速器壳体被石头顶坏。

（三）推除硬土层

推土机在较硬的土壤上进行推土作业时，如有松土器可先将硬土耙松，如没有松土器，也可用推土机直接开挖。用推土机铲除硬土时，需将铲刀的倾斜角调大，利用一个刀角将硬土层破开；然后，将铲刀沿地面破口处纵向或横向开挖。推土机一边前进一边提升铲刀，掀起硬土块，逐步铲除硬土层。

三、在障碍区开辟通行道路

（一）填塞土坑

填塞土坑可从土坑外取土或利用其他就便材料，将土坑填满或填筑成预定断面的通行道路。采用这种方法作业时，应根据预填土坑的大小、数量、土壤或就便器材的位置，并根据填筑时限和工程要求确定机械作业方法。被破坏的道路填塞土坑的方法，应视土坑大小和就便器材的位置、距离以及时限而定。坑内若有积水或危险物，则应先设法排除。

用推土机填塞小型土坑时，可将土坑周围的土壤直接推入坑内即可。填塞大型土坑时，为了保证尽快通车，应先逐层将土坑两侧的土壤推到坑内，筑成能供单向通行的进出斜面，其宽度一般等于铲刀长度，坡度不大于20%。随后，再从路边取土坑铲出所需数量的土壤，运至进出斜面，如图 2-1-13 所示；而后再推入坑内。当一边的进出斜面构筑好后，即转至对岸以同样的方法进行作业。若用两部推土机作业，可在两岸同时进行作业。在单行通行道路完全构筑好后，再以上述方法加宽加高。填塞土坑时，均应分层进行，逐层压实，新填土比原来路面高 0.2 ～ 0.3 m 为宜。

图 2-1-13　大型深坑的进出斜面

（二）填塞壕沟

填塞壕沟可从壕沟外取土，将壕沟填平或填筑成预定断面的通行道路。如填塞阻绝性壕沟、平底坑以及各种天然和人工构筑的壕沟等作业。作业前，应察看预填壕沟的深度、长度和数量，必要时进行标示，并根据填筑时限和工程要求确定作业方法。作业时，应分层有序地进行填筑、平整与压实。填塞阻绝性壕沟（图 2-1-14）时，推土机在标示通行道路宽度的地段，先以曲线式或阶梯式运行法，把壕沟外积土推送到壕沟内，再铲切壕沟边缘土壤，达到对岸的斜面；接着推土机从对岸将壕沟外积土运至未填塞部分，筑成预定通行道路。填塞窄断面长壕沟时，活动铲推土机用侧移法作业，沿壕沟边缘行进，将积土侧移至壕沟内，但在作业时推土机内侧履带不要靠壕沟边缘太近，以免坍塌。固定铲推土机用阶梯式运行法进行作业。壕沟一侧积土填完后，推土机跨越壕沟再填另一侧积土（图 2-1-15）。

图 2-1-14　填塞阻绝性壕沟

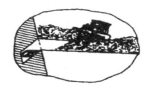

图 2-1-15　填塞宽度不大的壕沟

（三）构筑简易道路

简易道路是应急构筑的临时性简易通行道路。条件允许时，可使用推土机作业，一次达到设计要求。在时间紧迫或条件不允许时，先求粗通，尔后再予以加强。铲土深度一般为 10 ～ 15 cm。在有一定横坡的地段，采用斜铲作业方式，将土壤由高侧移运至低侧。在中间凸起的地段、纵向凸凹不平的地段，采用正铲作业方式，从正面铲切和推运土壤。将土壤由路中心向两侧移运。作业时，先以推土机沿标定路线在前面进行粗略平整和排除危险性障碍物，其他机械随之跟进作业，以整修路型。

四、在受染地段开辟通行道路

在受沾染、污染地段构筑供人员、工程机械安全通行道路的作业方法有覆盖法和铲除法两种。

（一）覆盖法

用未受染土壤覆盖受染地段，以形成通行道路的方法，称为覆盖法。作业时，新土厚度不得小于 10 cm。取土场应选择在通行道路的就近处，并需事先用推土机铲除运土便道和取土场表层的受染土壤，然后用推土机、铲运机或者装载机、挖掘机与运输车配合实施运送，最后用推土机摊平土壤。

（二）铲除法

将受染土壤铲除至通行道路外的方法，称为铲除法。作业时，先将铲刀平面角调到 65° 左右；然后，沿路中心线靠上风的一侧开始铲土。铲土的深度一般为 15 ~ 20 cm，将铲出的土壤运到通行道路的下风一侧。推土机返回后，在中心线的另一侧进行铲土，并与上次铲土重叠 40 ~ 50 cm，直到铲出通行道路的全宽。若开出的通行道路沾染程度超过容许标准，则以上述方法再铲除一层，并使这层土壤覆盖在第一次铲出的土壤上。若以两部活动铲推土机联合作业，则应前后梯次配置进行，如图 2-1-16 所示。行驶在前面的推土机必须在上风方向。如用正铲推土机作业，可从通行道路的上风方向开始，依次进行横向铲土。将铲出的受染土壤推至道路外，必要时还可用未受染土层覆盖。为防止推土机在作业时扬起尘土，作业前可用洒水车洒水；为保证作业安全，人员应按规定穿戴防护装具，并根据受染程度以及人员在受染地区内的允许安全停留时间，及时组织换班和进行作业后的洗消。

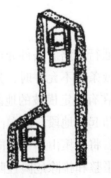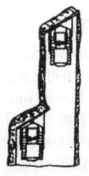

图 2-1-16　以两部活动铲推土机开辟道路

五、开挖平底坑

推土机是开挖平底坑的重要机械。用推土机开挖工程建筑物的平底坑时，作业前应用标桩或就便材料标出平底坑的中心线及进出斜坡的起止点。标示物应设在机械作业活动界限之外。作业时，应根据地形条件、土壤性质、天候情况、平底坑尺寸及开挖后安装支撑结构的时间，灵活地采用最有效的作业方法。

晴天，在密实的土壤上，在平底坑挖掘好后，随即安装支撑结构时，平底坑可挖成垂直形（即全深的宽度一样）；雨天，在沙性土壤上，预先挖掘时，通常挖成阶梯形。如果平底坑的宽度不大（仅比铲刀宽些），且成垂直形，两端能便于机械调头，则可采用穿梭作业法进行作业。即机械先向坑的一端铲运土壤，并将土运到弃土堆；而后调头向另一端铲运土壤。如此反复，逐层铲到标定深度为止，如图 2-1-17 所示。若平底坑长度不大或两端不便于机械调头，则可采用分次进退的作业方法进行开挖，如图 2-1-18 所示。作业时，先在平底坑的一半处，以进退的方法纵向开挖；然后调头在另一半上进行开挖。如此反复，达到全深为止，最后进行平整。

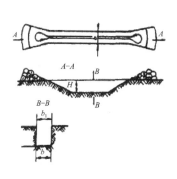
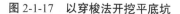

图 2-1-17　以穿梭法开挖平底坑

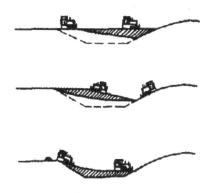

图 2-1-18　以分期进退法开挖平底坑

若平底坑较宽，长度又较大或带有侧坡，则应采用纵横法开挖平底坑。即先在平底坑的全宽上横向铲运土壤，将土推到一侧或两侧（依地形和需要而定），达到 1.2 ～ 1.4 m 时，再以穿梭法或分次进退法进行纵向开挖，达到全深为止，如图 2-1-19 所示。这种方法的特点是，在平底坑周围都有积土，便于回填掩盖施工。但在作业中应注意留出安装支撑结构作业所需的位置。构筑掩体时，由于周围构成环形胸墙，可减小开挖深度，使作业量降低 1/3 ～ 1/2，提高了工效。

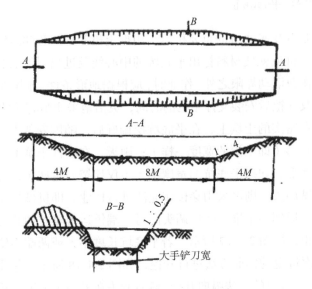

图 2-1-19 以纵横法开挖平底坑

六、平整场地

推土机在行驶中铲凸填凹，使地面平整的作业方法分为铲填平整法和拖刀平整法；主要用于修整路基、平整地基、回填沟渠和铺撒筑路材料。平整作业，通常开始时多采用铲填平整法，只有推土机在最后的几个行程，才采用拖刀平整法。

（一）一般场地平整

对于面积不太大的场地或一般地基，往外运土已接近完成，标高也基本符合设计要求时，即开始进行平整。作业时应注意下列几点。

（1）平整的起点应是平坦的，并自地基的挖方一端开始。若地基的挖方位置不在一端，则应由挖方处向四周进行平整。平整从较硬的基面上开始，容易掌握铲刀的平衡，不易出现歪斜。

（2）平整时，将铲刀下缘降至与履带支承面平齐，推土机以Ⅰ速前进，铲去高出的土壤，填铺在低凹部，如图 2-1-20 所示。一般要保持铲刀的基本满负荷进行平整，可以保证铲刀平冲，不致使地面上再现波浪形状。

图 2-1-20　平整场地

（3）平整应保持直线前进，并按一定顺序逐铲进行，每一行程，均应与已平整的地面重叠 0.3 ～ 0.5 m。对于进行平整所形成不大的土垄，可用倒拖铲刀的方法使之平整。此时，铲刀应置于浮动状态。

（4）在平整时，除起推点外，尽量不要铲起过多的土，此时除起推位置稍高外，其他处的标高基本合适。若不慎出现波浪或歪斜，则可退回起推点，重新铲土经过该处后即可消除。

（二）大面积地基的平整

对大面积地基的平整，操作方法与一般地基的平整基本相同，但还应注意以下几点。

（1）在狭长地基上可横向进行平整，太宽时可由中间向两边进行平整，方形的地基可由中心向四周进行平整，这样能缩短平整的距离。平整距离太长时，铲刀前的松土不易保持到终点，容易使铲刀切入土中，不利于平整。

（2）大面积平整可分片进行，特别是多台推土机参加作业时，更宜如此，这样可以提高效率，又能保证平整质量。

（3）平整时，不应交叉进行（单机平整其路线也不应交叉），应沿场地一边开始，向另一边逐次进行，或由中间逐次向两边进行平整。

（4）平整经过石方较多的地段时，应注意不要将地基内的石块铲起（可适当提升铲刀稍离开地面），否则，不易使地基迅速达到平整程度而影响质量。

在没有平地机的情况下，推土机可用来开挖道路两侧的边沟或其他 "V" 形沟槽，在开挖前应先标定好沟槽的中心线和边线。

先将推土机铲刀的平面角调至 65°，倾斜角调到最大，然后，按几个行程进行开挖，如图 2-1-21 所示。开始作业时，应使铲刀长度的 1/4 对准所开挖沟槽的中心线，以直线铲土法将表面土层略加平整或铲除，推土机行驶 30 m 左右后退回。此时，可将推土机外侧履带置于前一行程所形成的土垄上，铲刀较低的一角对正中心线继续以直线进行铲土，完成沟槽开挖的一半。最后再开挖另一半，即将机械调头，使内侧的履带置于已挖出的沟槽内，前进开挖。必要时，再往返一次，清除沟内的松土，加深沟槽，并将挖出的土整平于路基中心，形成拱形路面。

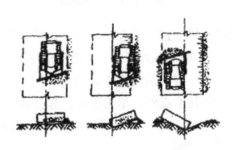

图 2-1-21　用活动铲推土机开挖 "∨" 形沟槽

七、在泥泞地段的推土作业与自救

（一）在泥泞地段的推土作业

在含水量较大的地方或雨后在泥泞地上推土时，容易发生陷车现象，故每次推土量不要过大，同时每次都要推到指定卸土地点，在行驶中应避免停车、换挡、转向和制动等。每次土要一气推出，有时还要以较高的挡（Ⅱ挡）进行推土，依靠机械的惯性力避免陷车。推土机履带轮迹不要重复，免得越陷越深。在推土过程中要注意不让履带产生打滑现象，如发生打滑应立即提升铲刀，减少铲刀前面的推土量。若此时推土机仍旧不能前进，则应立即挂倒挡后退，并注意不要提升铲刀和转向。因提升铲刀时，推土机前方受力，机身向前倾，促使推土机履带前半段下沉，后半段翘起；转向时，只有一边履带受力，这些都会造成推土机陷入泥泞。

（二）在泥泞地段的自救方法

遇到推土机陷车时，最好不要再动，应立即采取措施，将推土机驶出或拖出，否则将会越陷越深。

在泥泞地段自救的方法是，将钢绳的一端固定在木桩上或树的靠根部，另一端固定在推土机一边或两边的履带上，如图 2-1-22 所示。若在平地陷得不太深，则将钢丝绳固定在任何一边的履带上即可；若只有一边履带陷车，则将钢丝绳仅固定在所陷的履带上；若两边履带陷得都比较深，则要用两根钢丝绳固定在两边的履带上，然后挂上低速挡转动履带，将钢丝绳卷在履带上而拖出。钢丝绳固定在履带上的方法是：将钢丝绳从履带一端的两块履带板之间的空隙处穿过去，用销子固定住；也可拆去一块履带板，将钢丝绳固定在链节上。

图 2-1-22　推土机自救示意图

八、构筑阻绝性障碍物

（一）构筑阻绝性壕沟和三角沟

用推土机构筑阻绝性壕沟时，可先在全宽度上分层依次横向铲土，待铲挖到一定深度后，再进行纵向分层铲土。当壕沟长在 50 m 以内，且两端便于机械调头时，通常采用穿梭运行法进行作业；如只能向一端出土，则采用分期进退法作业。当壕沟长超过 50 m 时，每隔 30 ～ 35 m，应开设一个弃土进出路，待挖到预定深度后，再将进出路填死，如有三台推土机联合作业，可以两台进行铲挖土壤，一台向壕沟外推运积土。

（二）构筑防履带车辆断崖和崖壁

用推土机构筑防履带车辆断崖和崖壁时，当地形坡度较缓，推土机能从多处进入预筑工程中心线时，可全线展开分段作业；当地形坡度较陡，推土机不能从多处进入中心线时，应创造条件，开辟一处或两处停机位置，推土机以相向或相背的行进方式开挖。用活动铲推土机开挖时，应采用旁坡切土法分层作业，将切下的土壤沿铲刀侧向移运至坡外，待形成一条行驶路线后再继续加深至设计尺寸。

第二节　挖掘机应用

挖掘机是用来挖掘和装载土石的一种主要施工机械。在建筑、筑路、水利、采矿等工程以及天然气管道铺设等国民经济建设中，挖掘机被广泛运用。据统计，工程施工中约有60%以上的土石方量是靠挖掘机来完成的。挖掘机主要用于在Ⅰ～Ⅳ级土壤上进行挖掘作业，也可用于装卸土壤、沙、石等材料。更换不同的工作装置后，如加长臂、伸缩臂、液压锤、液压剪、液压爪、尖长形挖斗等，挖掘机的作业范围更大。挖掘机在高原寒区可能主要用于：挖掘各种临时性工程的平底坑；挖掘阻绝性壕沟、陷阱、断壁和崖壁；构筑技术工程机械防护掩体和操作平台；挖掘半地下化的人员通行壕沟；挖、装土方和沙、石料；构筑道路。

一、壕沟的挖掘

（一）直线挖掘

当壕沟宽度和挖斗宽度基本相同时，可将挖掘机置于其挖掘的中心线上，从正面进行直线挖掘；当挖到所要求的深度后，再移动挖掘机，直至全部挖完。

（二）曲线部的挖掘

挖掘壕沟曲线部时，可使挖掘的第一直线部分超过第二直线部分中心线，然后调整挖掘方向，使挖斗与挖好的壕沟相衔接。这种挖掘成型的壕沟为折线形，转弯处为死角。如果需要缓角，挖掘机则需按照曲半径中心线的大小不断调整挖掘方向。此种挖掘方法作业率低，一般不采用。

（三）障碍物之间的挖掘

挖掘障碍物之间的壕沟时，根据地形可从两端或一端按标定线开挖，直到纵向不能继续挖掘为止；然后将挖掘机开出，再成90°停放在壕沟中心线上，从侧面继续挖掘，如图2-2-1所示；最后将挖掘机开离壕沟中心线，从后部挖掘剩余部分，如图2-2-2所示。

图 2-2-1 从侧面挖掘

图 2-2-2 从后部挖掘

用挖掘机挖掘面积大而深的壕沟时，如果条件许可采用正反铲分层挖掘，如图 2-2-3 所示，必要时可将斗杆加长。障碍物之间的壕沟挖掘需要其他机械车辆配合，将挖掘的土壤运走。

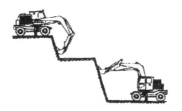

图 2-2-3 正反铲分层挖掘

二、平底坑的挖掘

通常将构筑掘开式地下、半地下建筑时挖开的除土坑部分称为平底坑。挖掘机是开挖平底坑的重要机械。

（一）小型平底坑的挖掘

挖掘小型平底坑可采用端面挖掘和侧面挖掘两种方式。

1. 端面挖掘

端面挖掘是在平底坑的一侧或两侧均可卸土的情况下采用的。视地形条件，挖掘机沿平底坑中心线一端倒进或从另一端开进作业位置，从端面开始挖掘，端面挖掘可采用细挖法或粗挖法。

细挖法采用两边挖掘，即用倒车的方法将挖掘机停在平底坑的一侧，车架中心线位于平底坑一侧标线的内侧与标线平行，并有一定距离，挖斗外侧紧靠标线，挖掘 1 的土壤时（图 2-2-4），以扇形面逐渐向平底坑中心挖，挖出的土壤卸到靠近标线的一侧，一直挖到平底坑所需深度为止；然后，将挖掘机调到另一侧用同样的方法挖掘2、3的土壤；挖完后，再调到第一次挖掘的一侧挖掘4、5的土壤，以此多次地调车将平底坑挖完。如果平底坑较窄，则应按照1、2、3、4的顺序进行挖掘；如果平底坑的宽度超过6 m，则可先挖完一侧，再挖另一侧。此种挖掘法的特点是能将绝大部分的土壤挖出，略经人工修整即可。但由于机械移动频繁，影响作业率，在工程任务不太重和修整人员比较少的情况下，可采用此种挖掘方法。

粗挖法是将挖掘机停在平底坑中间，使车架中心线与平底坑中心线相重合，成扇形面向两边挖掘，挖出的土壤卸在平底坑两侧或指定的位置。第一个扇形面挖完后，直线倒车，再挖第二个扇形面，但要注意与第一个扇形面的衔接，直到挖完为止，如图2-2-5所示。此种挖掘方法能充分发挥机械的作业效率，但坑内余土量大，需要较多的人工修整，在工程任务重，而修整人员多的情况下，可采用此种挖掘方法。

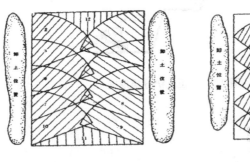 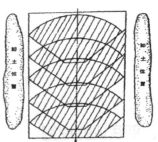

图 2-2-4　细挖法　　　　　　　　图 2-2-5　粗挖法

端面挖掘因地形条件限制只能在一边卸土时，挖掘机可顺着平底坑中心线靠卸土一侧运行，如图2-2-6所示进行挖掘，这样可以增加卸土场地的面积，利于卸土和提高作业效率。

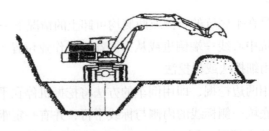

图 2-2-6　靠卸土而挖掘

2.侧面挖掘

挖掘机由平底坑侧面开挖，可在下列情况下采用：一是平底坑的断面小，挖掘机挖掘半径能够一次挖掘出平底坑的断面，且只能一面卸土时采用单侧面挖掘法；二是平底坑断面较宽，超过挖掘机挖掘半径，挖掘机只能沿平底坑的两侧开挖时采用双侧面挖掘法。单侧面挖掘和双侧面挖掘分别如图2-2-7和图2-2-8所示。

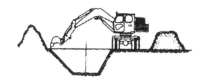 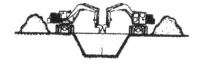

图2-2-7　单侧面挖掘　　　　　　　图2-2-8　双侧面挖掘

从侧面挖掘平底坑时，挖掘机应停放在坑的一侧边沿上，机械后轮可垂直于或平行于平底坑侧面线放置。挖掘机垂直于平底坑侧面进行挖掘作业（图2-2-9）时，挖斗在175°以内进行循环，作业比较可靠，挖掘半径也能得到充分利用，但挖掘机移动不够方便，卸土被限制在停车位置一侧，容易形成过量的堆土，给以后作业造成不利。

挖掘机平行于平底坑侧面进行挖掘作业（图2-2-10）时，挖掘机的挖掘半径和卸土位置都能得到充分利用，机械移位又很方便，只是作业时不如垂直放置稳固。但由于此法有利于提高作业效率，所以是挖掘机挖掘平底坑常采用的方法。

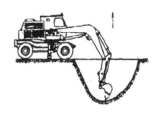 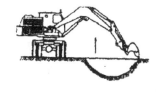

图2-2-9　垂直于平底坑侧面挖掘　　　图2-2-10　平行于平底坑侧面挖掘

侧面挖掘平底坑作业与端面开挖平底坑常采用的作业法相同，但必须注意在开始作业阶段应尽量将土堆放在较远的地方，使其不影响整个土壤的堆放和循环作业。尤其是单侧面开挖，一次即能达到所需断面，在开始挖掘阶段的土应堆放更远一些，才能满足整个土壤的堆放。垂直于平底坑侧面的停车作业，卸土位置不应影响挖掘机的移位。

（二）中型平底坑的挖掘

中型平底坑的挖掘可采用反铲工作装置，按图 2-2-11 的方法进行，但考虑到挖掘中间第 3 段时卸土有困难，可配合推土机将挖掘机卸出的土壤推出平底坑标线以外，或配备自卸车将土壤运出，以不影响第 4 段的挖掘。

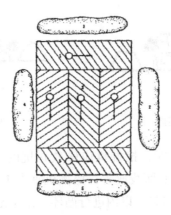

图 2-2-11　中型平底坑的挖掘

（三）大型平底坑的挖掘

大型平底坑的挖掘，可以根据情况采用多行程挖掘和分层挖掘达到所需断面。挖掘时可以单机作业，也可以多机同时作业，不管是单机还是多机同时作业，均需有其他不同类型的机械车辆配合实施。

1. 多行程挖掘

如图 2-2-12 所示，要求平底坑两侧堆放土壤的位置要宽，沿平底坑中心 1 挖掘的土壤必须由推土机或其他车辆配合运至远处，以不影响开挖 2、3 断面。挖掘作业时，挖掘机依地形条件采取沿平底坑中心、向前向后行驶进入作业位置，挖掘出来的土壤堆放在 2、3 位置上，然后由推土机推至平底坑两侧较远处。为了提高作业效率，挖掘机和推土机应注意协同，当开始挖掘 1 的一半土壤堆放在平底坑的右侧、另一半堆放在左侧时，推土机即可在右侧推土，依次交替进行开挖和推运土壤。此种方法作业，挖掘机始终在 90° 范围内循环工作，缩短了工作循环时间，提高了作业率。

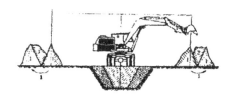

图 2-2-12　多行程挖掘大型平底坑

2. 分层挖掘

当大型平底坑过深，挖掘机一次挖掘不能达到所需深度时，可采用分层挖掘的方法达到所需深度，如图 2-2-13 所示。

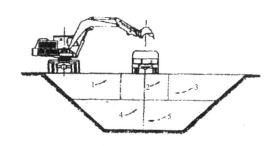

图 2-2-13　分层挖掘大型平底坑

分层挖掘的次数，根据大型平底坑的深度和挖掘机的挖掘深度而定，一般分 1～3 层即可满足挖掘平底坑深度的要求。若分两层挖掘，第一层需按照上述多行程挖掘的方法进行。如果坑底需要平整，或需推土机对进出路作业面进行粗略平整，可根据第二层要开挖的断面，决定分几个行程继续开挖。如果分两个行程挖掘，挖掘机首先停放在 1、2 之间，自卸车则停在 2、3 之间。挖掘机以一个方向前进，并一次挖到 4 的预定深度和宽度。当沿着 4 纵断面即将挖到所需长度时，挖掘深度应减小，以便构筑斜坡，利于下一步的作业。继续开挖 5 的断面时，挖掘机停放在 2、3 之间，自卸车则停在 4 的位置。这种作业方法，挖掘机在 90° 范围内循环工作，循环时间短，作业效率较高。同时，当挖 5 的断面时，挖斗不需升得很高即可将土壤装在车内，节省了时间，提高了作业效率。最后，将 4 的进出路继续挖掘到所需要求。

（四）平整平底坑和修刮侧坡

挖掘大型平底坑时，为了减少人工作业量和便于机械车辆在坑内通行，往往要求坑平且地面硬。此种工程一般由推土机配合完成，当没有推土机配合时，可用挖掘机平整和压实，修刮平底坑边坡。

1. 平整和压实

平整平底坑是一种难度较大的作业，平整的关键是动臂和斗杆的密切配合，保证挖斗能沿地面平行移动，使挖斗既能挖除高于坑底面的土壤，又不破坏较硬的地面。其操纵要领是：前伸挖斗下降动臂，使斗齿向下接触地面，回收斗杆和升降动臂，使挖斗保持水平移动。回收斗杆的目的是用挖斗将松散的土壤向挖掘机方向收拢和挖除高于地面的土层。升降动臂的目的则是保证挖斗能沿平面平行移动。因此，操作工在平整过程中要时刻注意斗齿的位置，当斗齿不易铲刮土壤时，要及时调整挖斗高度。当发现斗齿向地平面以下伸入时，要及时稍升动臂；当斗齿位置高于所需高度时，要及时稍降动臂，使动臂在平整过程中能随斗杆距地面位置的高低而升降，从而保证挖斗沿地平面平行移动。

为了使动臂、斗杆能配合及时，在平整过程中，操作工两手不要离开动臂和斗杆操纵杆，随时控制动臂和斗杆的位置；否则，不但会影响及时配合，还会增大操作人员的疲劳强度，影响平整质量。在收斗杆的过程中，如发现挖斗前方堆积较多的松土或遇到较厚的土层，要及时收斗挖除，并注意挖掘的深度，不要破坏硬土面，否则应重新填土压实。压实土层时，要先收回斗杆使其垂直，并且使斗底下方着地，然后下降动臂，借自身的重量压实填土。如填土较厚，要分层填筑分层压实，一次填土厚度一般不大于 30 cm。在压实土层时，切忌用冲击的方法夯实。

2. 修刮平底坑边坡

修刮大型平底坑边坡是挖掘大型平底坑中一项必不可少的作业程序。作业前，操作工必须熟悉坡度要求，考虑好施工方案，并构筑坡度样板，或预先制作坡度样板尺，以便在施工中随时检查。

修刮边坡要根据边坡的深浅和挖掘机数量，来选定挖掘机的停放位置。如用单机修刮较深的边坡，工作装置（挖斗）不能伸到坑底或边坡的上沿，应将挖掘机停放在边坡的上边，先修刮坡的上半部分；然后，移动挖掘机到坑底，再修刮坡的下半部分，并清除流落到坑内的土壤，使坑底平整。如用两台挖掘机修刮同一个较深的边坡，两台挖掘机要分别放在边坡的上边沿和坑底，先由上边的挖掘机修刮坡的上半部分，再由下边的挖掘机修刮坡的下半部分，并负责清除坑底内的土壤，保证坑底平整。修刮浅的边坡时，工作装置（挖斗）能伸到边坡的上边沿，挖掘机要停放在坑内，挖斗由上向下刮修。

修刮边坡的要领与平整平底坑基本相同，但更应注意动臂与斗杆的配合，准确目测斗齿的高度，使其能按坡度样板的要求修刮。在修刮过程中遇有较厚的土层时，可快速深挖，清除大的土方；接近坡度要求时，要浅挖、慢挖，以便准确地达到坡度要求。

三、防履带车辆障碍的挖掘

（一）阻绝性壕沟的挖掘

阻绝性壕沟通常构筑在较平坦的地形上，或15°以内的缓坡上。挖掘阻绝性壕沟时，应先排除作业面的障碍物和略平整停车场地，使挖掘机转盘基本处于水平状态；作业时，挖掘机应位于壕沟的中心线上（在中心线经过的地带无法停留挖掘机时，可停于侧面），从壕沟的一端开始一次挖至预定的断面，挖出的土壤应沿壕沟的两侧由远而近均匀堆积，便于人工或其他机械平整而形成胸墙。为提高作业效率，尽量采用连贯动作和90°的循环作业。当挖掘完成每一作业点后，向前移动一定的距离，应能与第一次挖掘的余土相接，以防漏挖。阻绝性壕沟的挖掘作业如图2-2-14所示。

图 2-2-14 阻绝性壕沟的挖掘

（二）三角沟的挖掘

防履带车辆三角沟通常是在坡度较缓的斜面、高度不大的梯坎等地形上构筑。挖掘防履带车辆三角沟（图2-2-15）时，挖掘机应停放在事先平整好的三角沟中心线位置上，挖掘出来的土壤应根据三角沟的技术要求堆放，土壤堆放要均匀，以减轻推土机或人工平整的作业量。当一次挖掘到预定断面后，机械的移位距离要掌握好，保证第二次挖掘与第一次挖掘的余土相接，以减少清理时的困难。整个断面开挖完后，应由平地机配合修整。

（三）断崖和崖壁的挖掘

阻绝性断崖一般构筑在反斜面上，崖壁通常构筑在面向对方的正斜面上。构筑断崖和崖壁，挖掘机正、反铲均能作业。正铲挖掘时，视地形情况，需在断崖和崖壁的开端构筑一个挖掘机停放平台，并开设进出路，将挖掘机倒进平台上，即可进行挖掘作业（图2-2-16）。挖出的土壤应根据断崖和崖壁的技术要求堆放。挖掘后若达不到技术要求，可用推土机、平地机或人工修整。挖掘机反铲挖掘断崖和崖壁，只适合于在坡度较缓的地形上作业。作业前，需使用推土机沿断崖和崖壁的整个纵断面平整停车位置。

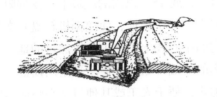
图 2-2-15　三角沟的挖掘

图 2-2-16　正铲挖掘

四、挖掘装车

（一）正铲挖掘装车

挖掘机采用正铲挖掘装车时，通常采用侧面装车和后面装车两种方法。

1. 侧面装车

挖掘机正铲侧面装车时，自卸车位于挖掘机的侧面停放，并与挖掘路线平行（图2-2-17）。这种挖掘方法，一般会使挖掘机卸土时的回转角度小于90°，而且自卸车不必反复倒车，行驶方便。

2. 后面装车

挖掘机正铲后面装车时，自卸车位于挖掘机后方两侧（图2-2-18）。这种挖掘方法，往往需要自卸车倒车靠近挖掘机。卸土时挖掘机的回转角度较侧面装车要大，增加了工作循环时间，生产效率较低，一般在无法组织侧面装车时使用。

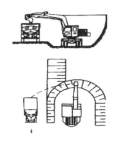

图 2-2-17　正铲侧面装车

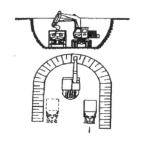

图 2-2-18　正铲后面装车

（二）反铲挖掘装车

挖掘机用反铲挖掘装车时，应按挖掘平底坑的方法进行。挖掘机与自卸车停放位置如图 2-2-19 和图 2-2-20 所示。

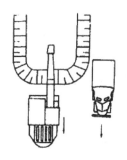

图 2-2-19　反铲端面挖掘装车

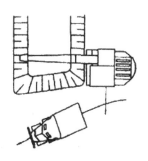

图 2-2-20　反铲侧面挖掘装车

第三节　装载机应用

装载机是一种在轮胎式或履带式基础车上装设一个装载斗的循环式机械。其被广泛用于公路、铁路、矿山、建筑、水电、港口等工程的土方施工，主要用来铲、装、卸、运土与沙石等散状物料，也可对岩石、硬土进行轻度铲掘作业。在高原寒区装载机可用于：构筑和维修道路；填塞土坑、壕沟和深坑覆土；对大型坑道进行除碴，清理和平整场地；牵引机械车辆。

一、装载作业

装载作业是指将松散物料装载到运输车辆中。装载作业主要包括铲装、转运、装载和回程四个步骤。铲装是将松散物料从料堆装入铲斗的过程；转运是指将装入铲斗的物料运送到卸载点的过程；卸载是将铲斗内的物料倒出的作业过程；回程是卸载后的装载机返回铲装点的过程。根据转运方式的不同，装载作业可分为"V"式、"I"式、"L"式、"T"式四种。

"V"式装载作业，是指装载机从铲装物料结束至倾卸物料开始的作业，其运动路线近似于"V"形，如图2-3-1所示。"V"式装载作业具有行程短、工作效率高的特点，适于在作业正面较宽而纵深较短的地段上应用。

"I"式装载作业，是运输车辆与装载机在作业面前交替地前进和倒车进行装载，如图2-3-2所示。这种方式运距较短，但运输车辆和装载机互相等待，影响作业效率。通常只适于场地狭窄、车辆不便转向或调头的地方应用。

"L"式装载作业，是指装载机从铲装物料结束至倾卸物料开始的作业，其运动路线近似于"L"形，如图2-3-3所示。这种方式，每个作业循环需要的时间长、效率低，适于在作业正面狭窄、车辆出入受场地限制时应用。

"T"式装载作业，是指装载机从铲装物料结束至倾卸物料开始的作业，其运动路线近似于"T"形，如图2-3-4所示。这种方式，每一循环需要的时间长、效率低，适于作业正面宽、车辆出入受场地限制时应用。

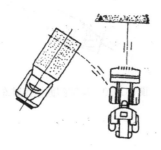

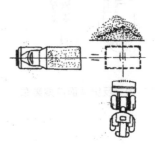

图2-3-1 "V"式装载作业   图2-3-2 "I"式装载作业

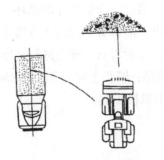

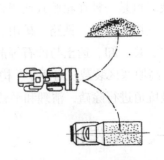

图2-3-3 "L"式装载作业   图2-3-4 "T"式装载作业

"I"式和"T"式装载作业，装载机作业时要做 90° 转向，每一循环所需时间长、效率低，对机械磨损也较大。

二、铲运作业

铲运作业是指将装载机铲斗装满并运到较远的地方卸载。运距通常不超过 500 m，用其他运输车辆不经济或路面较软不适于汽车运输时，采用装载机进行铲运作业。运料时，动臂下铰点应距地面 40～50 cm，并将铲斗上转至极限位置（图 2-3-5）。行驶速度根据运距和路面条件决定，如路面较软或凸凹不平，应采用低速行驶，以防止行驶速度过快引起过大的颠簸冲击而损坏机件。如装载机作业需要多次往返的行驶路线，在回程中，可对行驶路线做必要的平整。运距较长而地面又较平整时，可用中速行驶，以提高作业效率。

下倾角

图 2-3-5　铲斗前倾角度

铲斗满载越过土坡时，要低速缓行。上坡时，适当地踏下油门踏板，当装载机到达坡顶重心开始转移时，适当放松油门踏板，使装载机缓慢地通过，以减小颠簸振动。

装载机在运料过程中，遇有草地或软路面应确认无陷车危险后才能通过。但应尽量直线行驶，切忌急转向。如遇有轮胎打滑时可略后退，避开打滑处再前进。

三、挖掘作业

挖掘一般路面或有沙、卵石夹杂物的场地时，应先将动臂略为升起，使铲斗前倾。前倾的角度根据土质而定，挖掘 I、II 级土壤时为 5°～10°，挖掘 III 级及以上土壤时为 10°～15°。装载机一边前进一边下降动臂使斗齿尖着地，这时前轮可能支起，但仍可继续前进，并及时上转铲斗使物料装满（图 2-3-6）。挖掘沥青等硬质地面时，通过操作装载机前进、后退，铲斗前倾、上转，互相配合，反复多次逐渐挖掘，每次挖掘深度为 30～50 cm（图 2-3-7）。

图 2-3-6 上转铲斗装料

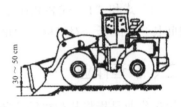

图 2-3-7 挖掘硬质地面

在土坡进行挖掘或堆积碎石时（图 2-3-8），应先放平铲斗，对准物料，快速接近，再以低速前进铲装。发动机以中速运转，先将铲斗上转约 10°，然后升动臂，按这样的顺序逐渐铲装。铲装时不准快速向物料冲击，以防损坏机件。

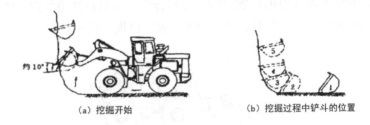

（a）挖掘开始   （b）挖掘过程中铲斗的位置

图 2-3-8 挖掘土坡作业

四、其他作业

（一）推运物料

推运物料是将铲斗前面的土壤或物料直接推运至前方的卸土点。推运时下降装载机动臂使铲斗平贴地面，发动机中速运转，向前推进。在前进中，阻力过大时，可稍升动臂，此时，动臂操纵杆应在上升与下降之间随时调整，不能扳至上升或下降的任一位置不动。同时，不准扳动铲斗操纵杆，以保证推土作业顺利进行。

（二）刮平作业

刮平作业是在装载机后退时利用铲斗将地面刮平。作业时，将铲斗前倾到底，使刀板或斗齿触及地面。对硬质地面，应将动臂操纵杆放在浮动位置；对软质地面应将其放在中间位置，用铲斗将地面刮平（图 2-3-9）。为了进一步平整，还可在铲斗内装上松散土壤，使铲斗稍前倾，放置于地面，倒车时缓慢蛇行，边行走边铺边压实，以便对刮平后的地面再进行补土压实（图 2-3-10）。

48

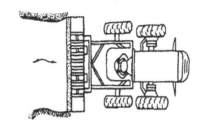

图 2-3-9　刮平作业　　　　　　图 2-3-10　补土压实

（三）牵引作业

装载机可以配置载重量适当的拖平车进行牵引运输。运输时，装载机工作装置置于运输状态，被牵引的拖平车要有良好的制动性能。在良好的路面上牵引时，用两轮驱动；路面打滑时，用四轮驱动。

第四节　平地机应用

平地机除具有作业范围广、操纵灵活、控制精度高等特点外，作业时空驶时间少（只占总时间的 15% 左右），因此，有效作业时间明显高于装载机和推土机，是一种高效的土方施工作业机械。平地机的作业主要是铲土侧移、挖沟和刮坡。在作业前应根据作业的要求，通过操纵杆的配合动作调整铲刀的铲土角、平面角、倾斜角以及铲刀的侧伸倾斜等，以适应不同工况的需要。

一、修筑路基

平地机修筑路基作业就是按路基规定的横断面图的要求开挖边沟，并将边沟内所挖出的土移送到路基上，然后修成路拱。

平地机修筑路基作业的施工程序通常是从路的一侧开始前进，到达预设标定点后，调头又从另一侧驶回，这样一去一回叫作一个行程。

图 2-4-1 所示为平地机修筑路基时的施工程序。首先平地机以较小的铲土角（视土壤的性质可在 30°～40° 范围）用刀角铲土侧移实施挖沟作业；然后以较大的铲土角用侧移法将松土自两边铲送到路中心；最后以平刀（铲土角为90°）或较大斜刀将中心的小土堆刮散或刮向路边，使之达到设计要求。铲土和送土需要多少行程应视路基宽度和边沟大小以及土壤的性质而定。最后平整一般只需 2～3 个行程。

单位：m

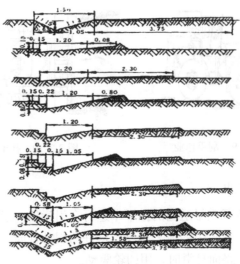

图 2-4-1　平地机修筑路基施工程序

由于从边沟挖出的土壤是松散的，平地机驶过后必然会压成一条条凹槽，这样当平地机在第二层刮送土壤填铺路拱横坡时，就很难掌握正确的标准，也不容易把凹槽刮平。为了使平地机运送的土壤摊平，刮送第一层时，就将前后轮都转向，让车身侧置，前后轮错开位置。此时，平地机轮胎在一次行程的刮送工作中，就可将前一行程的大部分碾压一遍，这样大大有利于第二层的刮送，并易于掌握路拱坡度的标准。

如以两台平地机联合作业，应前后梯次配置进行，并进行分工（一台平地机铲土，另一台平地机运土）。这样便能减少铲刀铲土角的调整，充分发挥平地机的作业效率。为使两台平地机作业时互不影响，两机相距应不小于 20 m。

二、开挖路槽

在铺筑砾石路、碎石路、沥青路以及改善土路时，可用平地机开挖路槽。根据设计要求不同，开挖路槽方式有三种：一种是把路基中间的土壤铲出挖成路槽，土壤就地抛弃；另一种是在路基两侧堆起两条路肩筑成中间一条路槽，这种开挖可以与修整路型同时进行，可以利用整型的余土或预留余土来堆填，这种方法比第一种经济；第三种方法是开挖路槽到一半深度时，再把挖起的土壤做成路肩，挖填土方量相等（但必须事先通过设计计算），这种方法比前两种更经济合理，施工程序如图 2-4-2 所示。

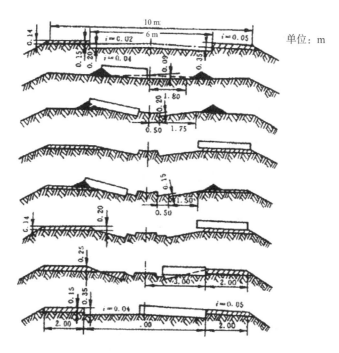

图 2-4-2　在现有路面上开挖路槽程序

三、构筑简易道路

平地机在起伏地段构筑简易道路时，应根据地形的具体情况进行作业。一般采取中分、外合和侧移三种方法，如图 2-4-3 所示。

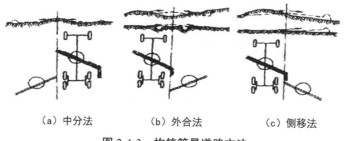

（a）中分法　　　（b）外合法　　　（c）侧移法

图 2-4-3　构筑简易道路方法

中分法是将土壤由路线中间向两侧移运，适于在中央拱起的地段以及加宽原有小道时采用。外合法即将土壤由两侧向道路中央移动，适合在道路中央低凹地带或道路上有深的车辙痕时应用。侧移法即将土壤由一侧移至另一侧，适于一定横坡的单斜面地段和弯道处应用。在构筑简易道路时，最好两台平地机联合作业，做前后梯次配置，一台在通行道路的一侧，另一台在通行道路的另一侧，前面的一台沿标示的路线进行作业，后面的一台则依前面平地机刮土的一侧进行作业，并根据第一台平地机的作业情况选择自己的作业方法。这样，在一般地形上平地机通过一次后，即构成了良好的简易道路。

四、在沾染地域开辟通行道路

沾染地域是指被生物化学污染源沾染的地域。在沾染地域开辟通行道路时，作业之前应在沾染地域外做好防毒准备。将铲刀平面角调到 45° 左右，然后沿路中心线靠上风的一侧开始铲土，铲土厚度以沾染程度和铲刀刮土深度而定，并将铲出的土壤刮运到通行道路的下风一侧。平地机返回时，在中心线的另一侧进行铲土，并应与上次铲土重叠 40～50 cm，直到铲出通行道路的全宽。若开辟的通行道路沾染的程度仍超过标准，则再以上述方法重铲一次，并使铲出的土壤覆盖在第一次铲出的土壤上。如以两台平地机组合进行作业，应采用梯次行进的方法铲土，如图 2-4-4 所示。行进在前面的平地机应在上风方向，两台平地机应保持 50 m 距离，以免前一台平地机刮起的尘土沾染后一台平地机。在作业中为避免沾染土的漏失，两台平地机铲士应重叠 40～50 cm，并将沾染土壤移运到路侧。

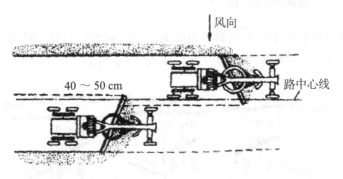

图 2-4-4   以两台平地机开辟道路

五、其他作业

（一）拌和及摊平改善路面材料

在改善路面材料时，可用平地机将改善材料与路基上的土壤拌和，其基本方法有三种。

1. 修筑石灰路面时，土壤和石灰在路基上的拌和作业

修筑石灰路面施工作业如图 2-4-5（a）所示。在经过耙松及刮平的土层上，先用铲刀铺一层掺和料（石灰或沙子等），然后将其与土壤一起拌和。先将料向外刮，第一行程用斜铲沿路的一侧铲入，深度到硬土层为止，此时被铲出的土壤与掺和料就在路肩上形成一条料堤；然后向路中侧移机进行第二行程，再把土壤与掺和料刮堆到路肩一侧，形成第二条料堤。初次拌和，所需铲刮次数视路宽而定。第二次拌和是将料堤依次铲向路中心，以后各次拌和以此类推，拌和均匀后摊平并修成路拱即可。

2. 掺和材料堆置在路基中心线上进行的修筑路面的拌和作业

先把掺和材料堆置在经过翻松的路基中心线上，如图 2-4-5（b）所示，然后将料堆同路基土一起向两边铲刮，完成初次拌和。经过反复铲刮拌和，直至拌匀为止，最后铺成路面，修好路拱。

3. 掺和材料堆置在路基两侧路肩上进行的修筑路面的作业

掺和材料堆置在路基两侧的路肩上，如图 2-4-5（c）所示。在这种情况下，应先将两侧的料堆向路中央铲刮并加以铺平，然后按在路基上拌和土壤与掺和材料的方法进行拌和。

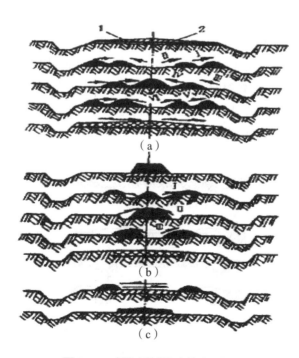

图 2-4-5　拌和及摊平改善路面材料

（二）养护道路

养护土路和砾石路的主要工作是及时刮平车辙，这项作业用平地机进行最为有效。其作业方法通常是从路肩上铲土，将车辙填平。土壤不够时，可从边沟挖取补充，如图 2-4-6 所示。为保持土路、砾石路长期完好，在日常养护中，应利用平地机在规定周期内进行有计划的刮削平整，并清除路肩上的草皮。

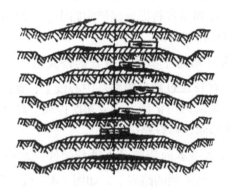

图 2-4-6　用平地机修复土路

（三）清除积雪

一般情况下，用平地机清除道路上的积雪是很有效的。作业时，清除宽度不大且积雪不厚（30 cm 以下）时，平地机可从路中心依次向外推运积雪；而当清除宽度较大和积雪较厚时，应从两侧开始推运，以免形成大的雪垄而无法推运，如图 2-4-7 所示。作业时的平面角应调为 40°～50°，倾斜角不应超过 3°。当积雪较厚时，平地机应安装扫雪装置进行作业。

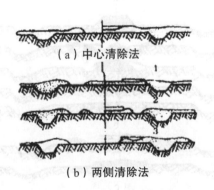

（a）中心清除法

（b）两侧清除法

图 2-4-7　平地机清除积雪作业

第五节　压路机应用

压路机是一种利用机械自重、振动的方法，对被压实材料重复加载，排除其内部的空气和水分，使之达到一定压实密实度和平整度的工程机械。它广泛用于公路和铁路路基、机场跑道、堤坝及建筑物基础等基本建设工程的作业。在高原寒区主要用的压实作业，如公路路基、路面，港口、码头和机场，停车场、操场和运动场，铁路路基、路床等。

一、路基压实

（一）路基压实步骤

路基压实作业可按初压、复压和终压三个步骤进行。

1. 初压

初压是指对铺筑层进行最初的 1 或 2 遍的碾压作业。其目的是使铺筑层表层形成较稳定的、平整的承载层，以利压路机以较大的作用力进行下一步的压实作业。初压作业，一般采用重型履带式拖拉机或羊脚碾式压路机进行，也可用中型静压式压路机或振动式压路机以静力碾压方式进行；碾压速度应不超过 2 km/h。初压后，需要对铺筑层进行整平。

2. 复压

复压是指继初压后的 5 ～ 8 遍碾压作业。其目的是使铺筑层达到规定的压实度，这是压实的主要作业阶段。复压作业中，应尽可能发挥压路机的最大压实功能，以使铺筑层迅速达到规定的压实度。碾压速度应逐渐增大，静力式光轮压路机速度为 2 ～ 3 km/h，轮胎式压路机速度为 3 ～ 4 km/h，振动式压路机速度为 3 ～ 6 km/h。还应随时测定压实度，以便做到既达到压实标准，又不过度碾压。

3. 终压

终压是指继复压之后，对每一铺筑层竣工前所进行的 1 或 2 遍碾压作业。其目的是使压实层表面密实、平整。一般分层修筑路基时，只在最后一层实施终压作业。终压作业可采用中型静压式压路机或振动式压路机以静力碾压方式进行碾压，碾压速度可适当高于复压的速度。采用振动式压路机或羊脚碾式压路机进行分层压实时，由于表层会产生松散现象，因此可将该层表层 10 cm 左右厚度算作下一铺筑层厚度进行压实，这样就可不进行终压作业。

（二）路基压实作业中的注意事项

（1）进行路基压实作业时，压路机的负荷较大，应做好压路机的技术保养工作。

（2）为了保证铺筑层的质量，应做到当天铺筑当天压实。

（3）在碾压中，土体若出现"弹簧"现象，应立即停止碾压，并采取相应的技术措施，待含水量降低后再进行碾压。对于局部"弹簧"现象，也应及时处理，否则会留下隐患。

（4）在压实作业中，应随时掌握和了解压实层的含水量与压实度情况，以便及时调整作业规范。

（5）碾压时，若压层表面出现起皮、松散、裂纹等现象，则应及时查明原因，采取措施处理后，再继续碾压。

（6）压路机压实，新旧填土路基或路面，都应从路基两侧开始，逐次向路中心碾压。两轮压路机每次侧移应重叠 25～30 cm，三轮压路机每次碾压应重叠压路机主动轮宽度的 1/3。当压实面层时，压路机从路基边缘内 2 m 处开始碾压，依次向外碾压路肩，再依次向路中心碾压。

（7）当新填土层较厚时，压路机应从填土边缘内 30 cm 处开始碾压，以免机械侧滑和侧坡倒塌。在山腹上构筑半挖半填的道路时，必须由里侧向外碾压，碾压时与路基边缘保持 1 m 以上的距离，并随时注意路基边缘发生的变化，以防塌陷发生翻机事故。

（8）每班作业结束后，应将压路机驶离新铺筑的路基，选择硬实平坦、易于排水的地段停放。

二、级配碎石和级配砾石基层的碾压

粗细碎石集料和石屑各占一定比例的混合料（或粗细砾石集料和沙各占一定比例的混合料），当其颗粒组成符合密实级配要求时，称为级配碎石（或级配砾石）。用这种混合料铺筑基层，经过充分压实，石料颗粒相互嵌锁，形成密实稳定的整体，具有较高的强度和稳定性。

碾压前，要根据所用石料的强度极限和其所允许的压路机单位线载荷，选择压路机并调整其单位线载荷，以免过多地将石料压碎。静压式压路机初压时，碾压速度为 1 ～ 2 km/h；复压和终压时，可逐渐增大到 3 ～ 5 km/h。振动式压路机，应先以静力碾压 1 或 2 遍，再以 30 ～ 50 Hz 的频率和 0.6 ～ 0.8 mm 的振幅进行振动压实。振动压实时，一定要严格控制碾压次数，一般为 3 ～ 5 遍，达到压实度标准后应立即停止；然后再以静力碾压 1 或 2 遍，消除表层松散，碾压速度为 3 ～ 6 km/h。

碾压时应注意以下事项。

（1）相邻碾压带应重叠 20 ～ 30 cm。

（2）压路机的驱动轮或振动轮应超过两段铺筑层横接缝和纵接缝 50 ～ 100 cm。

（3）前段横接缝处可留下 5 ～ 8 m、纵接缝处可留下 0.2 ～ 0.3 m 不压，待与下段铺筑层重新拌和后，再按（2）的要求进行压实。

（4）路面的两侧应多压 2 或 3 遍，以保证边缘的稳定。

（5）根据需要，碾压时可向铺筑层上洒少量水，以利压实和减少石料被压碎。

（6）不允许压路机在刚刚压实或正在碾压的路段内调头或紧急制动。

（7）压路机应尽量避免在压实段同一横断线位置上换向。

三、稳定土基层的碾压

由石灰、水泥、工业废渣等材料分别与土按一定比例，加适当的水，充分拌和铺筑，并经过压实的结构层，称为稳定土基层。稳定土基层压实方法与路基的压实方法相近。但是基层表面的质量有较严格的要求，因而在碾压时应注意以下要点。

（1）为保证基层的整体性与稳定性，铺筑层应遵循"宁高勿低、宁挖勿补"的原则。

（2）不允许使用拖式压路机或羊脚碾式压路机进行压实作业。

（3）初压后，应仔细整平和修整路拱。整平作业时，禁止任何车辆通行。

（4）水泥稳定土基层，从拌和到碾压之间的延迟时间，应控制在 2 ～ 4 h，一般作业段以 200 m 左右长为宜，以免水泥固结，影响压实质量。其他材料作为铺筑层的基层，也应做到当天拌和、当天碾压。

（5）严格控制含水量，铺筑层含水量应高于最佳含水量 1%，碾压过程中，若发现表层发干，则应及时补洒少量的水。

（6）前一作业段横接缝处应留 3 ～ 5 m 不碾压，待与下一作业段重新拌和后再碾压，并要求压路机的驱动轮或振动轮压过横接缝 50 ～ 100 cm。

（7）在碾压过程中，若出现"弹簧"、松散、起皮、裂纹等现象，应查明原因，采取措施处理后，再继续碾压；若出现坑洼，则应将坑洼处的铺层材料挖松 5 ～ 10 cm 深、补平后再压实。

（8）路面两侧边缘应多压 2 或 3 遍。

（9）碾压作业时，应加强压路机的技术保养，避免碾压轮沾带混合土，保证碾压轮无冲击，无震颤且运转平稳。

（10）尽量避免压路机在刚刚压实或正在压实的路段内调头或紧急制动。

（11）每次换向的停车地点应避免在同一横线上。

（12）每班作业结束后，应使压路机驶离作业地段，选择平坦坚实地点停放。若需要临时在刚刚压实或正在压实的路段内停放，则应使压路机与道路延线成 40° ～ 60° 角，斜向停放。

四、沥青碎石和沥青混凝土面层的碾压

沥青碎石和沥青混凝土面层都是用沥青作结合料与一定级配的矿料均匀拌和而成的混合料，并经摊铺和压实而形成的一种沥青路面结构层。它们的主要区别在于矿料的级配不同：沥青碎石混合料，细矿料和矿粉较少，压实后表面较粗糙；沥青混凝土混合料，矿料级配严格，细矿料和矿粉较多，压实后表面较细密。

我国目前多采用热拌热铺法施工，碾压时要控制沥青混合料的温度。在工地可用经验估计铺筑层混合料的温度，即用手掌轻轻触及铺筑层，感觉烫手，但不沾手，即可及时碾压。

紧随摊铺工序之后，按碾压接缝，初压、复压和终压的步骤进行作业。

（一）面层接缝的碾压

1. 纵接缝的碾压

由于摊铺作业的方式不同，形成的纵接缝情况也不同，所以碾压方法也不同。

（1）两台以上摊铺机梯形结队随伴进行全幅宽摊铺时，由于相邻摊铺带的沥青混合料温度相近，纵接缝无明显的界限。此时，可使压路机正对纵接缝沿延伸方向往返各碾压一遍即可。

（2）一台摊铺机在一定的路段内单独进行摊铺作业，铺完一条车道，立即返回，再行摊铺相邻车道（或是两台摊铺机前后较远距离进行摊铺作业）。由于先摊铺的摊铺带内侧无限位，沥青混合料容易在碾压轮的挤压下，产生侧向滑移。这时，压路机可先从距离内侧边缘 30～50 cm 处，沿着纵接缝延线往返各碾压一遍；然后，将压路机调到路面外侧的路肩处或路缘石处开始进行初压，当碾压距路面内侧边缘 30～50 cm 处的最初碾压带，使压路机每行程只侧移 10～15 cm，依次碾压到距路面的内侧边缘 5～10 cm 处时，即暂停对纵缝的碾压。待相邻的摊铺带铺好后，再从已碾压好的原侧位置开始，依次错轮碾压到越过纵接缝 50～80 cm 为止。这种碾压纵接缝的方法，要求前后摊铺带间隔时间不能过长，一般不大于一个作业路段的摊铺时间。

（3）由于受机械或其他条件的限制，相邻两条摊铺带摊铺和压实间隔时间过长时，可先使压路机沿距无侧限一侧的边缘 30～50 cm 处，往返碾压各一遍；然后从路面有侧限的一侧开始初压。当碾压到最初碾压的轮迹时，依次错轮碾压到碾压轮（刚性轮）越出无侧限边缘 5～8 cm 处为止。

（4）由于摊铺相邻车道时，已压实的摊铺带已冷却，需要进行接缝处理时，一般是使新摊铺的混合料与已压实的摊铺带搭接 3～5 cm，待纵接缝处被加温后，将搭接的混合料推回到新铺的混合料上并整平，然后立即使压路机碾压轮的大部分压在已压的摊铺带上，仅留下 10～15 cm 宽压在新摊铺的沥青混合料上。并使压路机向新摊铺带依次侧移，每行程侧移 15～20 cm 进行碾压，直到碾压轮全部侧移过纵接缝为止。

若采用振动式压路机进行振动碾压，则应将振动轮大部分压在新摊铺的混合料上，往返各碾压 1～2 遍，也能将纵接缝碾压好，并能提高工效。

2. 横接缝的碾压

在摊铺下一作业路段前，应对前段的横接缝进行处理，一般是将接缝修成垂直断面，并在断面上涂刷沥青。

（1）碾压横接缝时，应先选用碾压轮压路机，沿横接缝方向进行横向的碾压。

（2）开始碾压时，碾压轮的大部分应压在已压实的路段上，仅留 15 cm 左右轮宽压在新摊铺的混合料上。然后，压路机依次向新摊铺路段侧移，每次侧移 15～20 cm 进行碾压，直到碾压轮全宽均侧移过横接缝为止。

（3）如果相邻车道未摊铺，则可在横接缝端头垫上供压路机驶出的木板或其他材料，以免压坏摊铺带边缘。

（4）如果路缘石高于路面，则靠路缘石处未碾压的混合料，可待纵向碾压时补压。

碾压横接缝工序最好在碾压纵接缝之前进行，以免碾压纵接缝时造成横接缝接合面分离。在碾压接缝时，若出现接缝不平，则可把不平处耙松 2～3 cm 深、修整后再压实。

（二）面层碾压步骤

面层碾压一般在碾压完接缝后，即可实施初压、复压和终压。

1. 初压

初压的目的是防止沥青混合料滑移和产生裂纹。

初压作业时，应选用单位静线荷载在 290～390 N/cm 的刚性光轮压路机，按照"先边后中"的原则，以 1.5～2 km/h 的碾压速度，轮迹相互重叠 30 cm，依次进行静力碾压 2 遍。

初压作业中应注意以下事项。

（1）掌握好始压温度，混合料温度过高，易被碾压轮从两侧挤出和被压轮黏滞或推拥，进而影响路面的平整度，并且碾压后易产生横向裂纹或波纹；混合料温度过低，会给复压和终压带来困难而不易压实，而且碾压后易产生松散和麻坑。

（2）务必使压路机的驱动轮朝向摊铺方向进行碾压。这样可以使混合料楔挤到驱动轮下，不容易产生混合料推拥现象，从而可以减轻路面产生横向波纹和裂缝的可能性。

（3）进行弯道碾压时，应从内侧低处向外侧高处依次碾压，并使轮迹尽量成直线形。

（4）碾压纵坡路段时，混合料在碾压轮下的移动距离很大，因此应从下向上进行碾压，并让驱动轮在前。而转向轮朝向坡底方向，防止松散的温度较高的混合料产生滑移。

（5）初压时，最好使每次往返的轮迹完全重叠，待压路机退到已压实的路段后，再转向侧移，或使压路机尽量碾压到靠近摊铺机的位置，然后平顺地换向，转向侧移，与相邻轮迹重叠 30 cm，返回碾压。

2. 复压

紧接初压之后，立即进行复压。其目的是使摊铺层迅速达到规定的压实度。

复压作业仍应遵循"先边后中、先慢后快"的原则进行碾压。复压作业一般要碾压到路面无明显轮迹为止。对沥青混凝土混合料需碾压 4～6 遍，而对沥青碎石混合料需碾压 6～8 遍。碾压速度，静光轮式压路机为 2～3 km/h，轮胎式压路机为 3～5 km/h，振动式压路机为 4～6 km/h。

复压作业时，除遵守初压作业时的注意事项外，还应注意以下事项。

（1）每次换向的停机位置应不在同一横线上。

（2）采用振动式压路机碾压有超高的路段时，可使前轮振动碾压、后轮静力碾压，这样可有效地防止混合料侧向滑移。

（3）采用振动式压路机碾压纵坡较大的路段时，复压的最初 1 或 2 遍不要进行振动碾压，以免混合料滑移。

（4）采用振动式压路机进行振动碾压时，一定要"运行后、再起振，先停振、再停驶"，以确保压实面的平整度。

（5）碾压半径较小的弯道时，若沥青混合料产生滑移，则应立即降低碾压速度。

3. 终压

当复压使摊铺层达到压实度标准后，可立即进行终压作业。目的是消除路表面的碾压轮迹和提高表层的密实度。

终压作业时，可选用稍高于复压时的碾压速度、以静力碾压的方式碾压 2～4 遍。为了有效地消除路面的纵轮迹和横向波纹，可使压路机运行方向与路中心线成 15° 左右夹角碾压 1 或 2 遍。

（三）面层碾压过程中的注意事项

（1）实施压实作业前，检查保养好所用压路机，排除漏油（柴油、机油和液压油等）现象，以不使其滴于被碾压的沥青混合料路面上。

（2）为了防止碾压轮黏附沥青混合料，可不断向碾压轮面上喷洒或刷水或水与柴油的混合液。量不宜太多，更不要滴洒在路面上。

（3）压路机换向、变速、转向、起振和停振等操作应轻柔平顺，不得使压路机产生冲击。

（4）从初压起就应随时注意沥青混合料有无发生滑移和碾压表面有无裂纹或波纹现象。若出现这些不良现象，则应立即采取技术措施予以处理，或修正压路机的作业参数。

（5）压路机不得在刚刚压实和正在碾压的路段内停放。若需要在已压实路段内停放，则应使压路机与道路延线保持一定角度，而且不允许停放过长时间。

（6）雨季施工，要做到及时摊铺，立即压实。若遇到作业中突然下雨，则应尽量抢在下雨之前，将摊铺层压实，起码要初压 2 ~ 4 遍。

（7）低温季节（日平均气温在 5 ℃以下），应选择在气温较高的无风的中午前后进行施工。应适当地缩短作业路段，并做到快铺快压，以保证碾压终了时，沥青混合料温度不低于 50°。在低温条件下采用振动式压路机进行振动压实，可获得良好的压实效果。

（8）作业中应注意劳动保护，防止沥青污染。

第三章 高原寒区工程机械运用原则及组织流程

第一节 高原寒区工程机械运用原则

一、保障重点

在组织工程机械实施工程作业时，必须根据要求和任务的轻重缓急，有主次地进行计划安排。将主要机械有重点地集中使用到保障的主要方向上、便于展开作业的重点工程上和关键性的作业地段（点）上。在条件许可和机械数量充足的条件下，对于次要方向、非重点工程和作业地段（点），也应适当地加强机械的配备，以利于整个工程作业任务的顺利完成。

二、合理选用

工程作业任务的性质和工程类型是多种多样的，而作业地区的地形状况、作业条件差别很大，在组织实施工程作业任务时，必须根据地形、时限和各种工程机械的用途、性能等特点实施正确的选择。

由于工程作业任务的性质不同，其实施保障的方法也就不同，通常分为运动保障和定点保障。若采用运动保障，则应首先考虑机械的机动性能，可选择轮式机械；但运动保障往往任务急、完成的时限短，所以为提高作业效率，应采取以轮式机械拖载履带式机械、匹配编组的方法进行。若采用定点保障，则选择机械时应优先考虑机械的作业效率。在完成工程作业任务时，由于工程类型不同，所选用机械类型也有所差别。如构筑道路应选择筑路机械，如推土机、铲运机、平地机和压路机等；构筑地下、半地下化的工程项目应选择挖掘机、挖坑机、装载机、推土机和起重机等。另外，应根据不同地形、土质、运距和气候条件来综合考虑。多种机械均可完成同一工程任务时，应选择作业效率较

高的机械；同一工地执行同样任务时，为便于管理和油料、零部件的供应，应尽量选择同一类型和同一型号的工程机械。

三、掌握备用机械

掌握备用机械主要是为了更替遭到破坏或短时间内难以修复的机械。备用机械的数量，通常情况下留用同类型实际作业机械的15%～25%，特殊情况下留用30%～50%。

四、搞好技术保障

在完成紧急工程作业任务时，往往要求机械满负荷连续运转，加之保养条件受到一定的限制，其自然损坏速度将会加快，故障增多；同时可能发生其他不确定因素的破坏。因此，搞好机械的技术保障是保证工程任务顺利完成的重要环节。技术保障通常由接受任务的单位或上级组织实施，形式多为定点保障、巡回保障和随伴保障。实施技术保障的形式应根据遂行保障单位所处的阶段、作业点（段）的分散程度和完成任务的时限而定；无论采取何种形式，其目的都是使机械处于良好的技术状态。

五、加强后勤保障

搞好后勤保障是组织工程机械完成工程任务的一个重要因素。后勤保障主要指机械零部件、油料和物质器材的供应。零部件的供应一般采用本单位携带和向上级请领方法进行，对于加工质量要求不高的部件也可自行加工。组织者应科学计算工程机械机动和作业所需油料，作业用油量应根据参加作业的机械种类、数量、持续作业时间和耗油标准来计算确定。

第二节　工程机械运用组织流程

一、组织准备工作

在受领任务后，组织者应在上级规定的时限内，迅速、周密地做好完成工程任务的组织准备工作，以便争取较多的时间进行作业。准备工作通常包括计划安排工作，组织实施勘察，确定工程构筑方案，拟制作业计划，传达任务、进行动员，准备机械器材、组织后勤保障等。

（一）计划安排工作

为使工程作业准备工作有序展开，组织者应根据上级规定的准备时限，确定准备工作各项目所需时间，并通过综合平衡，确定每项准备工作的起止时间。

（二）组织实施勘察

勘察内容包括作业地区的地形、地质、水源和原有道路可利用的情况，各地段（点）的工程量，在现地初步确定机械的进出路线，临时机械场、修理场的位置等。参加人员通常包括项目作业组织者、测量人员和有经验的机械操作人员等。

（三）确定工程构筑方案

工程构筑方案的内容有工程构筑的重点、工程构筑的作业方式，以及划分作业区、分配任务、调配人员及机械和器材、确定主要地段（点）完成任务的时限等。确定工程构筑方案，组织者应根据上级意图，工程勘察情况，现有人员、机械、车辆、器材情况，通过必要的计算和分析，提出初步工程构筑方案；并研究执行任务时的各种措施，以保证顺利完成作业任务。

（四）拟制作业计划

根据确定的工程构筑方案，组织者应拟制出作业计划。拟制作业计划是将确定的工程构筑方案具体化，通常采用图注式、文字叙述式、表格式等形式表示出来，以便按计划指导工程作业实施。

（五）传达任务、进行动员

向相关人员传达工程作业任务及相关要求，指出完成任务的有利条件和不利因素，提出克服困难的办法及保证完成任务的措施等。

（六）准备机械器材、组织后勤保障

应及时成立维修组织，调配技术人员，提出作业所需油料、材料计划；组织操作人员对机械、车辆进行必要的检查、鉴定和保养；配发工具及零部件，加添和更换油料，组织装载携带的物资。在准备过程中，组织者应督促检查、及时处理发现的问题，并向上级报告准备情况。

二、组织工程作业

（一）工程作业准备

作业准备是保证机械顺利、有效和安全地展开作业的重要环节。在实施工程作业前，应注意做好如下工作。

（1）标示进出道路、阻绝性壕沟、堑壕和交通壕等作业地段内的中心线，以及平底坑的除土范围和挖掘深度。

（2）构筑机械作业的进出路。

（3）开设临时机械场、维修站及人员休息场所。

（4）必要时构筑人员及机械、车辆防护掩体。

（5）按照相关部门要求，对机械场、维修站及机械、车辆掩体等实施必要整理。

（6）标示作业时的危险地段（点）。

（7）派出安全观察员。

（二）展开作业

要严格按照工程技术要求和作业进度计划实施作业。在作业中，组织者要随时掌握工程进度及质量情况，根据工程进度及时总结经验教训，推广先进经验，改进作业方法，适时调整人员、机械、车辆和器材，力求最大限度地发挥机械作业效能。发现质量问题及时采取措施加以纠正。对于重点任务和主要环节，组织者应在现场检查指导，作业中要及时请示报告。当发现重大安全风险时，应立即采取措施，并迅速向上级报告。

三、完成任务后的工作

（一）组织撤离作业地区

完成任务后，应报告上级。根据上级指示，组织好作业人员和机械撤离作业地区（或现场），到达上级指定的地点待命。在组织撤离作业地区时，应明确到达地点的时间、行动路线和注意事项等。

（二）总结经验，上报情况，准备执行新的任务

完成任务后，组织者应根据任务完成情况进行总结评比，汇总情况上报。报告内容包括机械、车辆、器材和油料的损失或消耗情况，完成的工程量，向上级请示的有关问题及总结评比情况等。对机械、车辆进行保养维修，补充油料，请领工程机械和器材。

第四章 高原寒区工程机械典型任务运用

第一节 构筑和维护道路

使用工程机械构筑和维护道路，是提高构筑速度和质量、改善作业条件、节省人力物力的一个重要手段。组织者在构筑和维护道路任务中，应按照工程机械使用原则正确运用机械，并遵循工程机械运用的一般程序实施作业。

一、构筑道路时的作业方式

道路施工的主要特点是路线长、作业面窄、沿线工程量分布不均，易受自然条件的影响，机械作业点比较分散等。根据这些特点和参加施工单位的数量以及机械的种类、数量、技术性能等情况，可将作业方式分为以下几种。

（1）全线展开，分段作业。作业地段的划分应与作业能力相适应。在人力、机械充足，地形和其他情况允许时，可全线展开作业，分段负责，按期完成。

（2）交替作业。若路线长，人力、机械不足或不便于机械同时展开作业，可局部展开作业，逐次交替前进，分期分段完成或从起点开始逐段推进。

（3）流水作业。此方式通常在紧急情况下构筑简易道路时采用。其特点是一般工程质量相对要求不高，地形、地质有利，机械数量充足、型号齐全，要求有一定的构筑行进速度。平时，在任务量大、机械数量充足、型号齐全的情况下组织施工时，应根据施工程序和作业性质组成若干专业队，各专业队配备相应的机械和设备，不划分路段，在综合机械化施工的基础上，按计划、连续不断和有顺序地完成所承担的任务。各专业工序力求密切衔接，以加速工程的进度，充分发挥机械的效能，提高机械利用率和工程质量。

（4）综合作业。在施工中，实行人、机、料相结合的综合作业方法，可使其互创条件、发挥整体效能。通常路基构筑中的大量土方作业和平整压实作业可由机械完成，人工担任一些构筑涵洞、边坡和边沟等任务；在遇有岩石的地段,应先用凿岩机穿孔爆破后,再运用机械推运,再人工修整。若机械数量少,则应将其集中配置在土方量大且适合机械展开作业的路段,而人工可适当地实施辅助作业。

二、构筑道路的准备作业

在路基正式修筑之前,要做好施工现场的准备工作。其主要内容包括补桩、移桩、路基放样,清除作业,修筑施工用路,施工场地排水和疏松土壤等。补桩、移桩、路基放样等工作均属测量工作,但机械操作手应力求参加,可以掌握各类桩的位置,以利于机械施工作业。清除作业通常用推土机清除妨碍作业和影响路基稳定的杂草、树木、淤泥和孤石等。清除作业时,应考虑环保的要求,尽量减少对原地貌的破坏。修筑施工用路时,可用平地机、推土机按照构筑简易道路的要求进行。施工场地的排水应在构筑挖土路基前,开挖截水沟等。施工中还要随时注意在路堑两端留排水斜坡。构筑填土路基前,应排除基底积水;路堤两侧挖排水沟,以保证基底干燥。排水沟的开挖可用平地机按照开挖边沟的方法进行;必要时也可用挖掘机、挖壕机挖掘。疏松土壤用松土机或带耙松装置的推土机、平地机进行。疏松工作,在整个施工过程中应不断进行。预先疏松的工作量,不应超过其他机械一天的工作量,以免土壤干涸或遇有雨天时过分潮湿而影响施工。疏松作业地段的长度,一般应为 50 ～ 100 m,疏松的深度不能超过路堑或取土挖掘的设计标高。疏松路线一般选用环形,如图 4-1-1 所示。

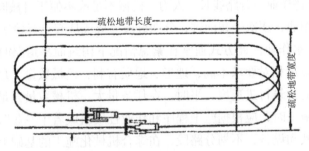

图 4-1-1 环形疏松路线

三、构筑路基

（一）构筑不挖不填路基

使用平地机或推土机构筑不挖不填路基时，按路基横断面图的技术要求开挖边沟，并将挖出的土壤移运至路基上，然后修成路拱。作业前应清除障碍物，并进行粗略的平整，必要时疏松土壤和标出边沟的中心线。作业程序按铲土、运土和修整的顺序进行。作业时，先从路的一侧开始，到达路段终了后，调头再从另一侧继续作业。每一路段的长度一般不超过 1000 m，也可取两障碍物之间的长度。铲土、运土、修整的行程次数，依路基宽度、边沟大小、土壤性质及机械类型而定。如用两台平地机联合作业，则一台进行铲土作业，另一台担任运土平整作业，这样可提高效率 10% ～ 15%。

（二）构筑填土路基

1. 推土机构筑填土路基

填土高度在 1 m 以下时，从两侧或一侧取土，横向推运，分层填筑。作业时，根据情况可在取土坑的全宽上分层铲土、分段逐层铲土，或按分次铲土、叠堆推运的接力法进行。填土高度超过 1 m 时，可用推土机和铲运机联合作业。先用推土机填筑路基底部，而后用铲运机填筑上部。

2. 铲运机构筑填土路基

铲运机应从两侧向中间按坡度要求分层填筑，当路基达到标高后再填充中间，形成路拱。铲运机在作业中，要根据地形合理地选择运行路线、铲土与卸土方式，尽可能减少转向次数和缩短空驶行程，以求在最短时间内完成每个循环，提高作业率。填土高度在 0.7 m 以下和填筑路基宽等于或大于卸土长度、两侧均可取土时，可采用椭圆形运行路线（图 4-1-2）进行纵向铲土，横向填筑路基；作业地段长度超过 100 m 时，可采用"8"字形的运行路线（图 4-1-3）；地形较平坦、作业地段长度超过 300 m 时，可采用"之"字形运行路线（图 4-1-4）。填土高度在 1 m 以上时，应根据运行路线的需要，构筑进出口坡道，以减少铲运机的运行阻力和避免损坏路基边坡。

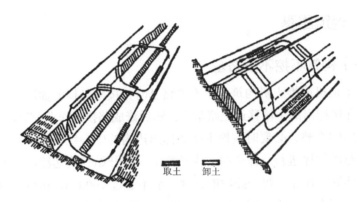

图 4-1-2　椭圆形运行路线

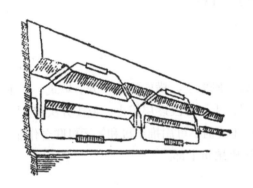

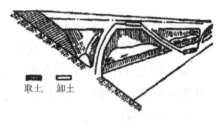

图 4-1-3　"8"字形运行路线　　　　图 4-1-4　"之"字形运行路线

多台铲运机作业时，如土质较硬，则应用推土机进行助铲，一般一台推土机可配合三台铲运机作业。

3. 因受地形或土质限制而不能就近取土时构筑填土路基

需从 100 m 以外运料时，应采用装载机或挖掘机与汽车配合的方式进行作业。

4. 水网稻田地区构筑填土路基

在水网稻田地区构筑填土路基时，要先挖沟排水。路基填土高度在 1 m 以下，可用湿地推土机清除淤泥。填土高度在 1 m 以上，可用铲运机或装载机、挖掘机配合汽车运送渗水性良好的土壤，自路中心线逐渐向两侧填筑，以利向外排挤淤泥。第一层填筑的厚度应为 0.5 ～ 1.0 m，以后按要求分层填土，分层压实。

必要时构筑透水隔离层，隔离层一般用砾石、粗沙等填筑，厚为 $0.07 \sim 0.15$ m。路基边坡用人工以块石铺砌。

（三）构筑挖土路基

1. 开挖深度在 1 m 以内的挖土路基

根据路基宽度和卸土的位置，可从路基边缘或路中心线起分层向一侧推土，运至弃土处。在一路段推出一层后，再调头向另一侧推运。开挖较深的路基时，采用上述方法推至一定深度后，可分段构筑运土通道，然后推土机纵向铲土，横向从运土通道推至弃土处。用三台推土机配合作业，两台铲土，一台推运，可以提高作业率。

2. 移挖作填地段上构筑路基

可采用推土机、铲运机从两端向中间或从中间向两端纵向分层开挖、分层填筑。每层厚度为 $0.3 \sim 0.4$ m。使用推土机作业时，也可先纵向把路堑挖到一定深度，再横向分层铲切侧坡，从侧坡铲下的土壤，用推土机纵向推运至填土区。运土时，应采用堑壕式或并列式运土法作业，并尽量利用下坡推土，以提高作业率。推土机通常采用进退法和调头法作业。铲运机采用椭圆形和"8"字形运行路线作业。开挖土质坚硬或含有大量砾石的地段，应用松土机疏松；遇有岩石，可用凿岩机穿孔爆破。

（四）构筑半挖半填路基

作业地段横坡度在 20° 以下时，最好用活动铲推土机。将铲刀的平面角和倾斜角调到适当位置，然后从路基内侧的边缘上部外侧开始，沿着路的纵向铲切土壤，使土壤顺铲刀斜度自然滑落坡下，逐次将土壤铲运到填土部。用固定铲运机推土机作业时，应从路基边坡上部，向下横向铲土填筑，然后纵向推土进行平整。横坡度超过 20° 或地形复杂、不便于使用上述方法作业时，则应构筑作业平台。以平台为基地，沿路中心线方向铲切土壤，逐渐加宽、加深形成路基。在山腹地作业时，要经常注意预防崖壁坍塌，及时排除侧坡上方的险石。推土机在向坡下填土时，铲刀不应伸出边缘，不得使机械在超过允许的坡度上行驶。

（五）路基的整修与压实

1. 路基的整修

路基的整修主要是用平地机平整路基表面和整修边坡及边沟。整修高度在

3 m 以下、坡度为 20° ～ 60° 的边坡时，将铲刀调到刮边坡的位置，按刮边坡作业的方法分层铲刮，水平移送，逐渐使边坡达到要求。作业时最好使用两台平地机或一台平地机配合一台斜铲推土机联合作业。

边沟的修整按构筑不挖不填路基的方法进行。挖土路基先修侧坡，然后挖边沟和整修路基表面；填土路基先整面，再修整边坡。为方便掌握路拱和侧坡度，应按设计要求，每隔适当距离做一个标准断面，以此断面为准进行整修。

2.路基的压实

在填筑路基过程中，通常用推土机、铲运机或羊足压路机分层压实。路基整修后，通常用光轮压路机，由路基边缘开始，逐次向中心线碾压，每次重叠 0.15 ～ 0.25 m，反复碾压至没有明显的轮迹为止。使用不同型号压路机作业时，应先轻后重，以免造成不均匀沉陷。在坡度较大的路基上进行压实时，应先从下坡开始，再往上坡方向碾压。填土路基边坡压实，可采用履带式推土机在斜坡上往复行驶的方法压实，或用牵引式振动压路机压实，自坡下向上振动压实（图 4-1-5）。

图 4-1-5　压实边坡

四、构筑路面

（一）土路面的改善

1.用平地机整修路型

用平地机的松土装置疏松土壤，疏松厚度一般为 0.15 ～ 0.2 m。若采用槽型断面，应用平地机铲刮移土的方法，从路中心线一侧开始向外铲运；当整修到一定路段后，调头铲运另一侧。以此循环作业，将路槽挖至标定深度。

2. 用铲运机或装载机配合汽车运送路面材料

卸料时应设引导员指挥卸料，随后用平地机铺平拌和，如添加熟石灰粉，最好使用稳定土拌和机进行拌和。

3. 整平拌和好的材料

整修成 3% ~ 4% 的双斜面横坡后，再进行压实。摊平的混合料应当天碾压。压实时，最好先用履带机械碾压 2 或 3 遍，再用重型压路机碾压。在碾压过程中，若发现有裂缝，可适当洒水，之后继续压至路面光滑、无明显轮迹为止。

（二）砾石路面的构筑

（1）用平地机修整路基表面或开挖路槽采用镰刀形断面时，要将路基表面整修成 2% ~ 3% 的双斜面横坡；采用槽形或半槽形断面时，应使槽底成 2% ~ 3% 的双斜面横坡，并用压路机碾压。

（2）用装载机配合汽车送石料到卸料地点。

（3）用平地机摊平路面材料。路面铺筑厚度超过 0.15 m 时应分两层铺筑。使用的砾石材料需要在现地拌和时，应按配合比的要求，先铺砾石，后铺黏土，最后铺沙。用平地机的松土装置和铲刀配合，将材料拌和均匀。

（4）洒水压实。碾压时从边缘开始，逐渐向路中心线碾压，碾压轮迹重叠 0.15 ~ 0.25 m。

（三）碎石路面的构筑

使用的机械和修整路型、开挖路槽、运料拌和、铺筑压实等作业方法与构筑砾石路面基本相同。开采、加工碎石时，使用空压机、碎石机、筛粉机等机械，加工合乎要求的碎石。碎石路面的铺筑和压实可根据情况采用灌浆法、拌和法和层铺法进行。

1. 灌浆法

先将铺筑好的碎石用 6 ~ 8 t 的压路机碾压 5 ~ 6 次，使碎石无松动现象；用泥浆搅拌机加工合乎要求的泥浆，并用喷射泵将其均匀地喷洒在碎石上，然后铺撒嵌缝料，再用 8 ~ 10 t 的压路机碾压路面，至无明显轮迹为止，最后铺磨耗层并碾压。

2. 拌和法

按铺设厚度和比例要求，铺足石料和黏土，用平地机拌和两遍，再用洒水车洒水，湿拌至石料均匀沾满土后将其摊开，用压路机碾压。边洒水边碾压，使土在碾压过程中成浆，充满石料缝隙。待 1～2 天后，再用 8～10 t 压路机碾压至无明显轮迹为止，最后铺磨耗层并碾压。

3. 层铺法

将粉碎的黏土均匀地撒在铺好的碎石层上，嵌入石缝里后，再用洒水车洒水，待其表面稍干不粘轮时，再进行碾压。

五、抢修与养护原有道路

当原有道路在地质灾害中受损或遭人为破坏时，为确保道路畅通，必须合理地组织工程机械对其进行抢修与养护。原有道路的抢修与养护通常采用定点抢修、分段抢修和机动抢修三种组织形式。

定点抢修，即通常在较深的挖土路基、隘路、交叉路口等易被破坏和堵塞的路段附近，预先配备推土机、装载机等，以便随时抢修道路。分段抢修，即在主要道路上，划分若干路段(每段约 50 km)，在每一路段沿线上配置一定数量、型号的机械如洒水车等，设专人指挥，发现道路损坏，及时维护和整修。机动抢修，即在主要道路易损路段上，配备机动性好的轮式推土机、装载机、平地机等或配备拖平车运送履带式机械，配备位置位于抢修路段附近，安排专人沿线巡查道路受损情况；根据道路的损坏程度，及时安排机械进行抢修。机动抢修还可以随时集中机械突击完成抢修任务或构筑迂回道路，以保证道路畅通。

（一）道路的抢修

用推土机清除塌方，当塌方量大时，应开辟单行道，先保证通车，然后扩大清除范围或直接在塌方上构筑路基。填塞土坑可用推土机、装载机，当土坑较小时，可将周围的土直接推入即可。当土坑较大时，应先构成能供单向通行的进出斜面，纵坡度不超过 16%，之后即由路两侧取土运至进出斜面，再推入坑内，以加宽、加高通行道路，至整个土坑填平。若土坑内有积水，可在坑底填上一些石块或树木。若需远距离取土，应用装载机、铲运机、汽车运土填塞，并使新填土部分比原来路面适当高出，以弥补落沉。抢修翻浆路段，应先构筑迂回路，然后用推土机铲除泥浆，按构筑路基的方法分层填筑，压实至规定标高。

（二）道路的养护

利用平地机修整边沟、路肩，刮平土路表面时，对于碎石、砾石路面应事先用装载机、汽车运送铺路材料储备在路旁，以便及时养护和整修。在干旱季节，应用洒水车在路上洒水，必要时可铺撒一层黏土和沙的混合料。路面如出现长距离辙槽，可用平地机将黏土和沙、石拌和均匀，然后再填平压实。清除积雪，可使用除雪机、平地机、装载机、推土机进行。用汽车运雪时，应装防滑链，以增大车轮与路面的附着力。

六、构筑简易道路

简易道路是在原有道路不足或无法通行时，用简易迅速的方法构筑供机械车辆通行的临时性道路。

构筑简易道路由于时间紧迫，应按照先疏通、后改善、以速度为主、兼顾质量的原则，采取边勘测、边设计、边构筑和重点突击的方法进行。构筑简易道路时，通常运用推土机、平地机、装载机、铲运机等工程机械。使用推土机构筑简易道路时，其作业方法可根据地形情况，将铲刀调为双后斜铲、斜铲进行作业。双后斜铲作业是常用的作业方式，适用于在中间凸起的地段上一次铲土，将土壤由路中心向两侧移运，形成 4 m 宽、有路拱、路面较平整的简易道路。斜铲作业适用于在有一定横坡的地段，构筑半挖半填路基。正铲作业适用于在道路纵向凸凹不平的地段或填塞土坑、壕沟，将土壤正面铲切推运，铲土深度一般不超过 0.1 m。运用推土机、平地机作业时，先用推土机在前推平土堆、土坎，清除树木、石块，填塞土坑、沟渠，负责开设路基，为平地机作业创造条件，平地机则随后进行平整作业。如果有两台平地机联合作业，则应梯次行进。根据地形和道路要求，可灵活采用中分法、外合法、侧移法进行作业。在树林地区作业时，先由人工伐倒较大直径的树木，而后使用推土机、除荆机清除路线上的灌木和树桩，最后使用推土机、平地机进行作业。 使用推土机、平地机构筑简易道路时，装载机、铲运机、挖掘机、自卸汽车可配合作业。

第二节 构筑工程建筑物

在特定环境下，为确保人民群众生命财产安全及作业人员安全，可能需要在较短的时间内迅速构筑一定数量和强度的工程建筑物，如掩蔽工程建筑物、观察工程建筑物、壕沟、阻绝性壕沟、断崖和崖壁等。特定工程建筑物构筑的特点是作业量大、时间紧、质量要求高。为加快工程建筑物、障碍物的作业速度，在条件允许时应尽量采用爆破法及机械化作业。相关人员在受领构筑工程建筑物的任务后，应按照工程机械使用原则加强组织领导、正确运用机械。

一、工程机械编组

机械的选用和编组，一般按工程作业的任务、特点、地形和现有机械的种类及数量等情况而定。在野外工程建筑物构筑中主要使用的机械是挖掘机、挖坑机、挖壕机、推土机、装载机和起重机等，有时也用铲运机。编组时，通常按划分的作业区（点）进行，一个机械组配备 2 或 3 种机械完成一个或相邻数个作业区（点）任务，也可按单项工程需要编组机械。

构筑掩蔽工程建筑物或观察工程建筑物的作业点上，按作业步骤通常可配备挖掘机、挖坑机、推土机开挖平底坑，起重机、挖掘机吊装框架和各种预制构件，推土机进行覆土作业。构筑壕沟则用挖壕机或挖掘机进行。构筑阻绝性壕沟可用挖掘机、推土机或铲运机，其他如防履带车辆崖壁、陷阱等的构筑，也可用推土机、挖掘机和平地机等机械实施作业。

工程建筑物的构筑，无论是采用人工、爆破或广泛使用机械作业，通常都是按先急后缓、先前沿后纵深、先重要后将要的顺序构筑。单个工程建筑物的构筑通常按经始、开挖、设置支撑结构、掩盖覆土、修整加固等步骤进行。

二、掩蔽工程建筑物的构筑

根据掩蔽工程建筑物的构筑特点，通常按开挖平底坑、设置支撑结构、覆土作业三个阶段配备不同性能的机械。

（一）开挖平底坑

平底坑的开挖是掩蔽工程建筑物构筑中比较困难的环节。由于出土量大、作业面受限，作业人员与机械多则不易展开，人员与机械少则延误时间。在这种土方量比较集中的地方最适于发挥机械的效能。因此，完成此项作业通常使用挖坑机或挖掘机反铲作业。

推土机开挖平底坑一般是配合挖掘机作业，在缺少挖掘机的情况下，也可单独使用推土机或装载机进行平底坑开挖。开挖平底坑时，如需要排水或降低地下水位，可构筑排水沟、积水井，使用抽水机排水。如土质渗透性好、水位高或水量大，可在坑外 5 ~ 10 m 处，挖若干个渗水井，井应比坑底深 1.5 ~ 2.0 m，安装抽水机排水，或在坑的周围设置针状渗水管，利用水泵提前连续抽水，以降低地下水位，如图 4-2-1 所示。

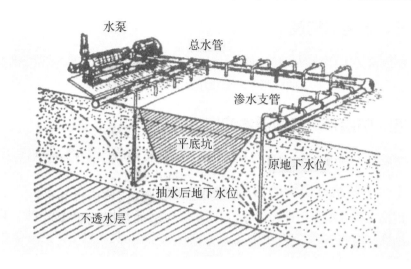

水泵

总水管

渗水支管

平底坑

原地下水位

抽水后地下水位

不透水层

图 4-2-1 降低地下水位示意图

（二）设置支撑结构

此项作业通常使用起重机与人工配合进行。作业时起重机应位于距平底坑沿 1.5 m 的坚实平坦之处（坡度不应超过 3°），用支腿支撑；起重作业的位置是一个点还是两个点，应根据起重机动臂跨度和构件的重量而定。为了便于作业，构件上应设吊环，其位置要适当并系上控制方向的绳索，以防因重心偏移产生过大的摆动，甚至滑脱；连接要牢靠，作业的机械和人员应在统一指挥下（一般用手势、旗语或哨音）互相协同；构件吊起后旋转的速度不宜过快，以防发生事故；在作业中不准人员在吊起的构件下作业。在没有起重机时，也可用挖掘机吊装构件。

（三）覆土作业

覆土作业通常使用推土机、装载机进行。其方法是支撑结构设置完成后，人工构筑隔离层，然后用推土机低速从两侧进行覆土。开始一次填土不宜过多，而且要均匀对称，这样既能防止框架因受力不均而偏斜，又便于分层捣实；继续填土直至在隔离层上方有 40 cm 的土层时，推土机方能行至工程建筑物顶部。否则机械过早碾压到工程建筑物顶部，容易造成框架变形或断裂。装载机的覆土作业方法同推土机。构筑机械、车辆的掩体，主要使用推土机、装载机、挖掘机进行。

三、壕沟的构筑

挖壕机适于在平原或丘陵地区的Ⅰ、Ⅱ级土壤上进行作业。挖壕机可以开挖平面形状呈直线形、曲线形和折线形的壕沟。

四、防履带车辆障碍物的构筑

防履带车辆障碍物包括阻绝性壕沟、三角沟、断崖、崖壁和陷阱等。

（一）阻绝性壕沟的构筑

用推土机开挖阻绝性壕沟时，上部用正铲、下部用双后斜铲作业，以便满足阻绝性壕沟的梯形断面。用挖掘机开挖阻绝性壕沟时，以反铲挖掘方法作业。用铲运机开挖阻绝性壕沟时，一般采用纵向铲土逐层挖掘至预定深度的方法作业。阻绝性壕沟的长度在 100 m 内，多采用椭圆形运行路线，将铲出的土壤分层铺筑在壕沟的一侧或两侧。阻绝性壕沟的长度超过 100 m 时，可按上述方法分段作业，每段长度为 60 ～ 70 m。如果采用穿梭法作业，可将土壤卸于阻绝性壕沟的两端，逐层开挖至预定深度。推土机和铲运机配合开挖阻绝性壕沟，最好采用流水作业的方法，推土机先横向铲土将阻绝性壕沟挖到一定深度后，即转到另一条阻绝性壕沟上作业，铲运机随后进行纵向加深作业。

（二）三角沟、断崖和崖壁的构筑

防履带车辆三角沟通常是利用坡度较缓的斜面、高度不大的堤坎等构筑而成的。深度应不小于履带车辆攀登垂直高度的两倍。其崖壁应力求陡峻，以防履带车辆攀越，斜面的宽度应不小于履带的接地长，且不大于车体全长，以防履带车辆来回撞击崖壁。开挖防履带车辆三角沟，可用活动铲推土机、挖掘机、装载机、铲运机和平地机配合作业。防履带车辆断崖和崖壁的构筑方法与防履带车辆三角沟基本相同。

（三）陷阱的构筑

在谷地、隘路构筑防履带车辆陷阱，可用挖掘机开挖，自卸汽车或装载机将多余的土运走。作业时，应尽量减少对原地貌的破坏。

第三节　构筑坑道

坑道工程建筑物是为保障国防安全和生产生活需要而建设的地下工程设施。坑道施工的特点是：暗挖作业多，作业面狭窄，工程量大，受地质、水文条件影响大，需要大量的配套机械设备进行多工序、多工种的联合作业。根据上述特点，组织者在组织坑道施工中要周密计划，制订科学的实施方案。特别是在匹配机械、计算用量上要反复论证，真正做到机型不缺、数量不少、机具配套齐全。

一、运用工程机械构筑坑道的组织

（一）机械选配和需要量的确定

机械选配和需要量的确定要做到各种机械、机具配套。常用的坑道掘进和被覆用的机械、机具、器材配套见表4-3-1。

表4-3-1　常用施工机具的配备

顺序	机具名称	单位	隧道长度/m				备注
			500～1000	1000～2000	2000～4000	4000～6000	
1	锻钎机	台	1	1	1～2	1～2	
2	装岩机	台	1	1～2	2～4	3～5	
3	皮带运输机	台			2～3	2～3	用在洞外配合碎石机
4	电瓶车	台	1～2	3～4	4～5	6～8	
5	充电机	台	1～2	2～3	3～4	5～6	
6	混凝土拌和机	台	1	1	2～3	2～3	
7	混凝土捣固器	台	4	6	8	10	
8	沙浆拌和机	台	1	1～2	1～2	2～3	
9	气动压浆机	台	1	1～2	1～2	2～3	
10	电动压浆机	台	1	1～2	1～2	2	检查压浆用

续表

顺序	机具名称	单位	隧道长度 /m				备注
			500～1000	1000～2000	2000～4000	4000～6000	
11	混凝土喷射机	台	1	1～2	1～2	2～3	视围岩条件配
12	混凝土输送泵	台		1	1～2	1～2	视需要定
13	金属活动模板台车	台		1	1～2	1～2	与混凝土输送泵配套使用
14	卷扬机	台	3～4	4～5	5～6	6～7	洞内提升用
15	通风机	台	4	4～6	6～8	8～10	平行导航另配一台
16	潜水泵	台	1～2	2～3	3～4	3～4	
17	抽水机	台	2	4	4～6	4～6	用排水，大量漏水时另配
18	低压变压器	台	2～4	4～6	6～8	6～8	
19	平移调车器	台	2	2	2～4	4～6	平挖面调车用
20	伸缩式凿岩机	台	1	1	2～3	3～4	锚杆支撑钻眼用
21	碎石机	台	1	1	1～2	2～3	
22	磨砂机	台	1	1	1～2	2～3	无天然沙源用
23	电焊机	台	1	1	1	1	洞口修配用
24	氧焊机	台	1	1	1	1	洞口修配用
25	磨钻机	台	1	1	1	1	洞口修配用
26	车床	台	1	1	1	1	洞口修配用
27	钻床	台	1	1	1	1	洞口修配用
28	砂轮	台	1	1	1	1	洞口修配用
29	钻杆对焊机	台	1	1	1	1	洞口修配用

（二）掘进作业的组织形式

掘进作业中的钻孔、爆破、通风排烟、除碴等工序，组成一个作业循环。作业循环的组织形式，通常有"浅孔多循环"和"深孔少循环"两种。在机械设备较好的情况下，应采用"深孔少循环"的组织形式，因为在每一循环内的管线连接、通风排烟等时间基本不变，采用这种作业形式就相应地增加了有效工时。每一循环的工作程序有平行作业、顺序作业和各工序多点循环流水作业。平行作业适合采用小型机具局部掘进，作业时主要工序的钻孔和除碴基本上是同时进行。顺序作业适于采用大型机具（凿岩台车）全断面掘进，作业时按钻孔、爆破、通风排烟、除碴等顺序进行。各工序多点循环流水作业适于作业面多的坑道掘进。作业时各工序分别在各个作业面上轮流进行。

（三）被覆作业的组织形式

通常采用专业流水作业法，按主要工序组成大小不同的专业队，以工序先后轮流进行。

（四）编制计划

根据工程项目、要求和作业量，所需机械的种类、型号、数量，任务区分、作业顺序、作业方式，作业进度、定额和时限，以及物资技术保障等编制进度计划、保障计划。

（五）施工组织要点

1. 准备机械器材

按计划请领、订购、加工和调配机械器材，并进行整修配套，将所需的机械、器材、油料依轻重缓急，保质保量按时运到工地。

2. 机械场的设置

根据工程规模、施工方法、现场地形和机械的数量设置机械场。

3. 健全组织，落实制度

加强组织领导和施工现场管理，保证按时、优质、安全地完成任务。

二、坑道施工作业中气、水、电的供给

坑道构筑中的基本工作是掘进和被覆。为了保证作业顺利进行，必须首先修好施工用路，搞好气、水、电的供给工作。

（一）压缩空气的供应

压缩空气是由空压机提供的。空压机是空气压缩机的简称，是一种以电动机或内燃机为动力，通过压缩机将自然空气压缩成压缩空气，借以提高气体压力的机械。它将压缩空气供给各类气动机具使用，是一切气动机具的动力源。空压机使用时，作业人员要了解施工情况，如坑道掘进中的选眼穿孔、装药爆破、通风排烟、出碴运输等工序的安排和衔接；尽量使空压机满负荷工作，即使供气量与耗气量趋于平衡；空压机操作手与气动机具操作手要认真做好工作前的准备，明确分工，密切协作，互相联系，做到空压机开动，气动机具即能投入作业。工作中空压机操作手应随时注意气动机具的用气和断气信号，根据信号及时送气、断气或停止空压机工作，以减少空压机负荷运转，节约摩托小时。空压机运用时，机械器材和油料应由专人管理，保证配套；按保养规程，做好机械器材的检查保养，保证空压机技术状况的完好；保持空压机正常的额定转速和额定排气压力；随时调节进水开关（水冷式压缩机），使出水温度不超过40℃，保证机棚内通风良好，确保操作安全。

（二）供水、排水

坑道施工中，凿岩防尘、被覆养护、机械运转和施工、人员生活等都需要供水，同时，还要及时排除坑道内的积水，才能保证施工安全顺利地进行。

1. 供水

通常采用抽水机（水泵）将水压送到蓄水池，然后经管路输送到各用水点。蓄水池的高度要能保证最高工作面上需要的水压。蓄水池的容量应为一昼夜用水量的 1/4 ～ 1/3。根据计算的流量和扬程，选择符合工程要求的抽水机。在需扬程高、流量大的供水工地上，单台抽水机不能满足需要时，可采用两台或两台以上的抽水机串联或并联使用。串联使用时，各抽水机的性能应相同，其总扬程接近各抽水机扬程之和。并联时可采用不同类型的抽水机同时供水，以增大流量。抽水机应安装在水源充足、水质清洁、离供水点较近，且易于架设管路的位置。单级水泵一般采用枕木基础，多级水泵应采用混凝土基础。

扬尘在 30 m 以上时要安装闸阀和逆止阀。在抽水机的进水口与弯管间，要接短管，短管的长度不应小于进水口直径的两倍。弯管下端的滤网应放在水面以下 0.5 ～ 1.0 m 处，保持悬空状态，或在滤网下放置木板。排水管的管径要符合规定，连接处要严密，尽量减少弯头，避免急弯。排水管应贴近地面敷设，如需悬空，应设置支撑点。水源困难，需要钻井取水时，要配备钻井机和深水泵，必要时应配备水车运水。

2. 坑道排水

通常根据所需排水量的大小选用抽水机。需要在坑道内抽水时，应使用移动式抽水机或将机组安装在平板车上，以便爆破时撤离。

（三）电的供应

坑道施工用电，应尽量使用民用电源。如无民用电源或电力不足，要根据用电量配备移动式电站供电。当一台电站不能满足负载要求时，可采用两台电站并联供电。

三、坑道掘进作业

（一）掘进机械的选择

大断面坑道全断面开挖，一般选择凿岩台车钻孔，蟹爪装岩机或蟹爪立式联合装岩机清碴，电瓶车或内燃机车牵引，梭式矿车或槽式列车成列运输。小断面坑道或大断面坑道采取导洞开挖时，一般选用气腿凿岩机钻孔，装岩机装碴，电瓶车或内燃机车牵引，斗车运输。坑道掘进是由钻孔、爆破、通风排烟、排险、除碴和临时支护等工序组成的作业循环。机械在每一循环内主要进行钻孔、通风排烟和除碴。

（二）钻孔作业

钻孔作业是坑道掘进中一项费时而又繁重的工作，在一个作业循环内，一般要占用 40% ～ 50% 的时间。因此，正确地使用机械，提高钻孔速度，对加速坑道掘进有着重要的意义。钻孔作业主要使用以压缩空气为动力的凿岩机作业。小幅员坑道的断面开挖，通常采用带气腿的凿岩机。为了钻孔方便，每钻一个孔，要使用一套长短不等且配有不同直径钻头的钎杆。开孔钎杆长 0.7 ～ 1.2 m，钻头直径为 44 ～ 45 mm；中钎杆长 1.0 ～ 1.6 m，钻头直径为 40 ～ 42 mm；长钎杆长 1.5 ～ 2.2 m，钻头直径为 34 ～ 38 mm。钎杆损坏后，可用锻钎机修整。大断面开挖时，最好使用凿岩台车。凿岩台车装两部或多部钻机同时作业，有的凿岩台车可集中操纵和进行程序控制，使钻孔作业自动化。钻孔作业的步骤一般是：凿岩机具进入工作面，连接气、水管路，试运转，根据布孔的位置确定各钻机的钻孔顺序，钻孔达到预定深度时清孔。钻孔作业前要做好组织准备，保证凿岩机具处于良好技术状态，钎杆要直，钎尾尺寸和形状要精确，钻头直径及刃角符合要求，要保证足够的气压和水压，一般情况下都必须进行湿式凿岩（水眼）。

（三）坑道通风

坑道通风通常使用轴流式通风机作业。选择机型时，要根据计算的风量、风压和通风机的特性曲线，选用性能可靠的通风机。风管的直径要与通风量相适应。在坑道内，如一台通风机的风量达不到要求，可选用两台通风机并联工作，风压达不到要求时，可选用两台以上通风机串联工作。通风方式通常采用压入式、吸出式和混合式3种，如图4-3-1所示。压入式通风是把新鲜空气压送到掘进作业面，将有害气体冲淡并沿坑道排出；因排出的有害气体要流经整个坑道，对沿坑道作业的人员有一定的影响，故一般只适用于长150 m以内的单向坑道。吸出式通风是把坑道内的有害气体吸出，使新鲜空气沿坑道流进作业面，这种通风方式，除靠近作业面的区域外，坑道内的空气比较新鲜，一般适用于长300 m以内的单向坑道。混合式通风是压入式、吸出式通风两种方式的综合运用，适用于长坑道（300 m以上）或多口和转弯的坑道通风。如果由于管道过长，风压不足，可在200～400 m处增加同类型的通风机串联使用。为了顺利排出有害气体，吸出的风量应比压入的风量大20%～30%。

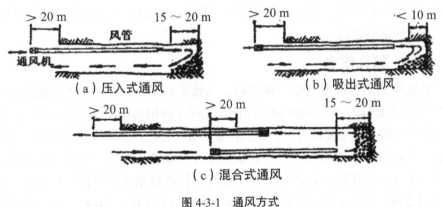

图4-3-1　通风方式

通风机应设置在较平坦的地方，支撑牢固平稳。通风机设置在坑道外时，风管端口应距隔坑道20 m或引向坑道口上方和侧旁，以免有害气体流回坑道。在坑道内安装通风机时，断面较大的坑道，可安装在一侧，断面较小的坑道，应开辟专设通风机的地方。轴流式通风机可悬挂或用支架固定在坑道侧的上方，或安装在能沿坑道移动的车架上。风管设置应平顺，转弯半径应大于风管直径的3倍以上，接头应严密不漏风。压入式通风，风管的端口与工作面的距离，应在风流的有效射程内，一般为15～20 m。混合式通风，两风管应有20 m

的重叠长度。必要时，可在距离作业面 12 ~ 15 m 处悬挂风帘。架设好风机，敷设好风管，并经检查无误时，便可按通风机的操作要领启动风机，进行通风作业。

（四）除碴作业

除碴作业包括装碴、运碴和卸碴。要根据坑道掘进的断面和除碴量，正确选择、配备和使用装岩机、运碴车和牵引车。小断面开挖时，除碴作业多采用气动装岩机装车，配备电瓶车或内燃机车牵引自卸汽车除碴，此种作业通常与钻孔作业同时进行。在开始装碴阶段，可在碴堆的上部钻孔，等到开挖面处的石碴清除后，再在底部钻孔。在这种情况下，装碴作业耗时只占整个掘进循环作业时间的 50% 左右。应使穿孔和除碴互不妨碍，加强协作，注意安全。除碴机械通常都是在道轨上行驶的，根据坑道的长度、幅员，确定采用单车道或双车道。单车道要根据情况增设错车道，双车道的轨线间距应保持两列车之间的净空不小于 200 mm，在会车站处不小于 400 mm。延伸轨道多采用爬车道与短轨相结合的方法。装岩机进行装碴作业时，每装完一个斗车，需要把重车推出，调进另一个空斗车。调车作业通常采用横移调车器或敷设道岔进行。大断面开挖时，除碴作业应采用蟹爪装岩机或蟹爪立式联合装岩机，并配备与装碴作业相适应的运输车辆，如槽式列车或梭式矿车。槽式列车和梭式矿车装载容量大，可自动卸碴，并能减少作业面上的调车作业。

四、坑道被覆作业

坑道被覆作业是坑道构筑中的重要工序。作业时，通常按拆除临时支护和修整幅员、打地平和毛基、模板加工和装配、钢筋加工和编扎、混凝土灌注以及养护、拆模等程序进行。工程机械主要用于模板加工、钢筋加工和混凝土作业。

（一）模板加工

目前，在大型坑道被覆作业中，多采用钢模台车、混凝土泵或气动混凝土压送器等机械和机具，使被覆作业中的配模、灌注、拆模实施综合性机械化作业，以提高作业质量，加快作业速度，充分发挥机械效能。钢模台车分整体式和穿行式两种类型。整体式钢模台车结构比较简单，整体稳定性能好，缺点是等待拆模时间较长，被覆作业只能间歇进行。穿行式钢模台车模板部分与台车可以分离，一部台车配备几套模板，可使被覆作业逐段连续进行。采用钢模台车作业，可相应地提高混凝土搅拌运输的机械化程度，如建立机械化或半机械化混凝土搅拌站，使用混凝土搅拌运输车、混凝土泵等，以适应供料的需要。另外，在不具备使用钢模台车的条件下，可按照施工图和模板加工图开设木材加工场，进行模板加工作业。

（二）钢筋加工

钢筋加工主要是使用直筋机、切筋机和弯筋机等，根据要求的尺寸和形状，将钢筋调直、切断和弯曲成型。为了提高生产效率，保质保量，应设置钢筋加工场，并按直筋、切筋、弯筋的顺序组织流水作业。钢筋加工场，应选择在距离施工点近、地形平坦、交通方便的地方。配置场内机械，应在保证流水作业及各工序互不妨碍的情况下，尽量减小占地面积，缩短钢筋的搬运距离。钢筋的接头，可使用电焊机焊接。当钢筋直径大于 16 mm 时，最好采用对接焊，直径小于 16 mm 时，可采用搭接焊或夹杆焊接。

（三）混凝土作业

1. 混凝土搅拌作业

根据工程量的大小、混凝土的品种、沙石料的级配等具体情况，选择合适的搅拌机。塑性和半干硬性混凝土，一般采用自落式搅拌机；干硬性混凝土及轻质混凝土，宜采用强制式搅拌机。中、小型工程，可选用进料容量 500 L 以下的移动式搅拌机。大型工程，应选用进料容量在 500 L 以上的搅拌机。在混凝土搅拌站（搅拌场）内，尽量秤料；运料、出料和输送等工序要实现机械化、自动化，以提高作业效率和混凝土的质量。

2. 混凝土的运送

混凝土运送通常采用皮带输送机、自卸汽车、混凝土泵和混凝土搅拌输送车运送。运用机械车辆运送，必须保证灌注作业连续进行。混凝土泵适于在配筋稠密的施工点使用，混凝土搅拌输送车适于远距离运送，它能在运送途中继续做缓慢的搅拌，以防产生分层离析和脱水等现象，保证混凝土的质量。

3. 混凝土的捣固作业

通常使用振动器将灌注后的混凝土充分捣固，以达到均匀、密实的要求。振动器有内部振动器和外部振动器等类型。内部振动器也称插入式振动器，作业时，一般使振动棒垂直自然地沉入混凝土中，棒体插入混凝土的深度不应超过棒长的 3/4。为方便作业，也可倾斜插入。插点应交错均匀排列，插点间距为作用半径的 1.50～1.75 倍，一般为 300～400 mm。棒体下端一般需插入下层混凝土内约 50 mm，作业中应将振动棒上下抽动。另外，在对岩石坚固系数大于 3 的岩层进行被覆作业时，根据设计要求可采用喷射混凝土被覆作业方式。

喷射作业主要使用强制式搅拌机、喷射机和皮带输送机实施作业。喷射混凝土被覆作业前，先要除掉岩面上的浮石，再用高压水冲净岩面粉尘，然后用高压气体将岩面吹到轻度湿润的程度。视情况可设置锚杆和挂网。喷射混凝土被覆作业主要采用干喷射法。作业时，首先按配合比将沙、石、水泥及速凝剂倒入搅拌机内拌和均匀，然后输送到喷射机内，在压缩空气的推动下，使拌和料沿管道连续供给喷枪，在喷枪内与水混合，混合物以较高的压力和速度喷向坑道周围的岩面上。喷射时，喷嘴应距岩壁 0.8～1.2 m，喷射方向与岩壁垂直，并由下而上按螺旋形方向缓慢均匀地移动，将回弹量降到最低程度。喷射混凝土被覆作业应分层进行，每层不宜太厚，一般拱顶不超过 100 mm，侧墙不超过 150 mm。在作业过程中，要调好气压和水压。

第四节　构筑机场

新机场的构筑和原有机场扩建工程的特点是面积和土石方工程量大、质量要求高。工程机械被广泛运用于遭破坏的机场抢修和新机场的建设。本节简要介绍如何组织工程机械完成机场构筑任务。

一、组织准备

机场构筑工程复杂，当接受构筑机场任务后，应组成工地领导（指挥）机构，统一组织各项工程的实施。如果是配属施工，则作业人员应在工地领导机构统一指挥下进行工作。

二、物资准备

在施工中，动用机械、车辆和器材较多，所以要做好充分的物资准备。根据施工特点、设计要求和各工序的要求以及要注意的问题，逐项落实。如土石方作业要准备好推土机、铲运机、挖掘机、装载机、运输车、压路机、平地机、空压机及气动机具；钢筋混凝土作业要准备好切筋机、弯筋机、搅拌机、平板式和插入式振捣器等机具，选择合适的保养、修理机械场地，并搭设临时工棚，选择临时停放机械车辆的场地，根据混凝土路面的位置及施工现场情况，合理选择搅拌机站位置，并要考虑运料机械、车辆的活动场地，油料及机械常损件都应准备齐全。另外，按批准的施工方案与施工总平面图，平整场地，搭设工棚，做好供水、排水、供电、通信联络和交通道路等临时设施，设置堆料场地和仓库，组织好人员、材料、工具和机械的进场。

三、熟悉设计图纸，制订实施方案

设计图纸是施工的依据，施工人员必须严格按图施工。在施工准备阶段对设计图纸及有关文件要领会透彻，如原设计图纸中有不合理的地方应提出修改意见，待上级业务部门同意后进行施工。

对设计图纸应着重弄清下列几点：图纸说明是否齐全，标高尺寸、位置有无差错和遗漏，整个工程布局与结构是否合理，对工程质量有何要求，工程量的计算是否正确等。

同时要对施工现场进行复核，主要内容有：设计是否符合修建方针与原则，是否符合当时的实际情况；各种建筑材料能否就地取材，规格数量能否保证，运输是否方便；跑道中心线的位置是否与设计位置完全相符；场内土方调配能否平衡，是否要再取土或弃土，取土或弃土的位置选于何处，能否与改地造田相结合；场内的运输道路、水源和电源能否满足施工的需要；当地的水文地质、土质和气象等资料是否齐全，能否为施工计划的安排提供可靠的依据；等等。

在熟悉设计图纸的基础上制订实施方案。为了保证机场施工的顺利进行，应根据施工现场的具体情况及各工序衔接，周密制订实施方案。其主要内容有：①施工的重点和难点；②土方作业、压实作业和混凝土作业的方式；③作业区段划分及分配任务；④调配人力、机械和器材；⑤确定各作业区段完成任务的时限；⑥各施工单位根据总的施工方案要求，拟制出具体的作业计划。

四、土方作业

机场土方作业是各项工程的首期任务，其质量的优劣、工期的长短，将直接影响到投资效果与使用。作业前必须严密组织，做好整个工程的施工技术、现场及物质准备。

（一）土方作业前的准备工作

1. 作业现场的清除工作

为了能使土方作业大面积展开，充分发挥机械效能，保证质量，加快施工进度，必须拆迁妨碍施工的建筑，清除树木，处理好坟墓、河沟、水塘和坑井等。现场清除的工作主要有：房屋拆除、工程网的拆迁、砍伐树木、坟墓的处理、沟塘的处理、水井的处理。

2. 复核土方量，做好调配方案

土方作业前要进一步核实土方量，一般设计计算的方格土方量不能作为施工时调配的依据，应扣除淤泥、草皮、腐殖土以及碾压下沉量，对于不良土质应尽快通过试验鉴定，提出处理办法。根据确定可以调运的土方量以及土质的紧密程度分别乘以系数进行调运，调运时应根据"先横后纵、由近及远、轻上重下"等原则进行，务必使调配方案合理。

3. 修筑临时道路

运土是土方作业中的重要一环。除土方运输外，整个施工期间的材料、机具和生活用品的运输量也很大，开工前必须修筑好临时道路。线路尽量能与永久的机场公路相结合，有条件时尽量利用原有道路。

4. 搞好临时排水

大面积土方作业受气象直接影响，特别是雨天，场地积水不便于作业，而往往因排水不畅，加之道路泥泞，导致工效降低，即使雨停也难以立即施工，还常常因为土内含水量过大，造成碾压翻浆而影响土方作业质量，因此，土方作业前应规划好临时排水。临时排水尽可能与永久排水相结合，以节省投资，加速施工进度。

5. 测量放样机场施工

测量放样机场施工的目的就是要实现设计意图，改变原地面的状况，使之平整密实，满足飞行要求。作业前，先做好测量与施工放样，再进行土方作业。

（二）挖、运土

1. 挖、运土的一般要求

挖土和运土需要注意的问题一般有：设计标高、土质和挖土的效率、土的含水量和临时排水等。

（1）掌握设计标高。作业时需考虑到挖完最后一层土时平整碾压，因此需要预留一定的压缩下沉量，使碾压后的高程正好与设计标高一致。预留多大的压缩下沉量，应根据密实度要求和土壤性质而定，一般为 3～7 cm。深挖地段的土方一般分两步进行：第一步粗略挖（大量的挖），挖到距设计面还有少许距离时为止；第二步检查标高，进行找平修整，这样做既可防止少挖，也可避免挖土过多，否则再返填加高，不但浪费机械油料，而且影响质量。

（2）掌握挖土区的土质和挖土工效。挖土时要注意土质，对劣质土应全部清除，更换好土；为了保证填土质量，应按不同的土质分层挖运，然后分层填土，防止挖填混合，影响质量。为了掌握挖土工效，根据挖土的难易程度，确定出土壤分类，确定作业定额，掌握土方作业的工效。

（3）掌握土的含水量，注意挖土区的临时排水。土过干或过湿都不利于用作填方，难以压实。挖土前可以根据土的干湿情况，事先采取洒水、晾晒等措施，使土的含水量接近于相应压实机械的最佳含水量，然后进行作业。

做好挖土区的临时排水工作，在作业中应注意以下几点：①要使挖土区经常保持斜面，以利于自然排水；②土硬难挖时，可用松土机进行松土，松土的面积不宜过大，在效率上能与装土、运土和填土相匹配即可；③堆土时其方向要与铲运机或推土机铲推土所形成的沟槽方向相一致，以利于排水；④保护好样桩，防止机械及车辆碰撞；⑤取土和弃土区均要有规划，最好能与改地造田相结合。

2. 推土机推运土作业

推土机操纵方便，转向灵活，作业率高，通行性能好，所需工作面积小。运距在 30～60 m 内能发挥最大的工作效率，通常推土运距最大不宜超过 100 m。另外，推土机在构筑机场时，还可以用来平整场地，填埋沟槽，修筑临时道路，铲除草皮及腐殖土，配合铲运机助铲，以及将土聚堆、散开和实施土方平整、压实作业。

3. 铲运机铲运土作业

在构筑机场时，铲运机是土方施工中最常用的机种之一，其特点是能独立完成铲、运、卸、铺、压等工序，操纵灵活，通行性能好。根据施工现场地形和土壤条件，铲土方法主要有以下几种。

（1）啄铲铲土法：在松散土壤作业中，斗门前常积聚成 30～50 cm 高的土堆，随着铲运机的前进越积越多，而不能铲进斗中。要避免这种现象和能使铲斗装满，可采取啄铲铲土法挤装。即当铲运机斗门前土堆形成后，在行进中迅速提升铲运斗使其达到高过土堆高度，并立即对正土堆下斗，同时加大油门，利用铲斗下落及斗内土壤的重量，将土堆挤进铲运斗。这种方法在松散土壤作业中，作业效率可提高 15%～20%。

（2）跨铲铲土法：此方法是铲运机在铲土时预留土埂，间隔铲土。土埂两边的沟槽深度不大于 30 cm，土埂的宽度以不超过 1.5 m 为宜。这样铲运机正好能骑跨土埂行驶，铲土时能一次将土埂的土铲入斗内，不致向外撒落。

（3）推土机助铲法：在较坚实的土壤作业中，可采取此方法。这种方法就是利用一台推土机在铲运机后面顶推，增大铲切力，以便在短时间内装满土。用推土机助铲能使斗内多装 0.5 ～ 1 铲，铲土时间由 2 ～ 3 min 缩短到 1 ～ 1.5 min。用一台推土机可为几台铲运机助铲。

运土行驶路线通常采用椭圆形和"8"字形及"之"字形。另外，铲运机在构筑机场作业中，还用于铲除草皮、粗平场地、填筑堤坝等作业。

4. 挖掘机与自卸汽车配合挖运土作业

挖掘机挖土，自卸汽车运土，适用于挖方比较集中、土方量较大而运距又较远的土方工程。挖掘机正铲或反铲作业，通常采取侧向装土（装车），即运输车辆停在挖掘机的侧面，与挖掘机的掘进路线平行，这样铲斗可以在回转角 90° 范围内卸土，避免水平转角过大以及运输车辆的倒退行车和小转弯等缺点。轮式挖掘机机动性能好，反铲作业时，可开挖机场排水沟、电缆沟和上下水管道沟等。

5. 装载机与自卸汽车配合装运土作业

装载机是一机多用的机械，但主要用于装卸土壤和沙石料。其与自卸汽车配合装运土壤时，应按"V"式、"T"式方法进行。如果取土区的土壤比较硬，则可用爆破法将硬土爆松，然后再用上述方法进行装运土壤，这样可提高装载机的作业效率。

（三）填土、压实和平整

1. 填土的一般要求和方法

（1）填土前要处理好原地面，目的是使新旧土紧密结合。填土主要用推土机、铲运机清除原地面的草皮、腐殖土、树根和其他杂物。

（2）原地面处理完毕，用平地机进行平整，然后再用压路机进行压实。

（3）根据要求分层填上同类型性质的土，填土的厚度要合适，每层填土厚度要根据压路机型号而定。如用 12 ～ 15 t 压路机，每层松土厚度不超过 30 cm；如采用 6 ～ 8 t 压路机，每层松土厚度以 15 ～ 20 cm 为宜。用铲运机、装载机或自卸汽车填土，要采取"平铺法""堆积法"卸土。机械、自卸汽车边走边卸土，这样填土厚度基本可保证，然后稍微平整，用压路机进行压实即可。

（4）要控制好最后一层填土。最后一层填土十分重要，它关系到高程、平整度和密实度等质量，所以施工时要特别仔细。还应注意根据土质及现场试压情况留好虚高，使碾压后的高程和设计高程相一致。最后一层填土以压实厚 15 cm 左右为宜。

2. 压实的一般要求和方法

（1）碾压应从低到高、从边到中，适当重叠。在单面坡地段碾压时，压路机应从低处渐渐向高处碾压；在双面坡地段碾压时，压路机要从两边缘开始向中间碾压，这样可以防止土壤在碾压中的移动及往外滑动，并且有利于排水。为了防止漏压，前后两次碾压时轮迹应适当重叠，两轮压路机前轮重叠一半，三轮压路机后轮重叠一半。

（2）先轻后重，速度适当。压实时先用轻型压路机，后用重型压路机，这样可以提高压实层上部的密实度。为保证碾压均匀，碾压的速度不能太快，一般不大于 2 km/h。

（3）碾压次数因情况而定。碾压次数以能保证要求的密实度为前提，应根据实践经验和现场试验得到的大概控制次数及压路机的轮迹确定。因此，压路机操作手可根据已压次数请工地试验室人员及时检查密实度的情况，决定是否需要继续碾压。

3. 平整的一般要求和方法

土方平整是平整填、挖后遗留的以及零填零挖地段的局部起伏（通常不大于 10 cm），使机场具有符合设计要求的表面。平整作业通常分以下两步进行。

（1）初步平整，是指原地面与每层填土或挖土的粗略平整，清除目视所能分辨的不平之处。如面积大，则可用平地机进行平整。

（2）最后平整，即经过初步平整后，又经碾压，还会出现局部微小的起伏，还要进行再次找平修整，直到符合平整度、密实度和高程等质量要求为止。这时一般用压路机、洒水车配合人工进行。平整压实完毕，经测量检查合格后，禁止机械及车辆任意通行；下雨时，禁止人员、牲畜入内，防止破坏表面的平整。

五、基础工程施工

基础工程施工是在验收合格的土基上进行施工。基础工程通常动用装载机、压路机、运输汽车、洒水车、空压机和碎石机等工程机械进行作业。基础工程包括碎石基础、沙基础、沙砾石基础、块石基础、卵石基础和结合料稳定类基础等。

（一）碎石基础

碎石基础在机场道面中应用较为广泛，需要碎石数量多，使用的机械主要是空压机及气动机具、碎石机、筛粉机、皮带输送机、压路机和洒水车等。空压机及气动机具、碎石机、筛粉机用于采石和加工碎石，皮带输送机将加工好的碎石传送到堆料处，压路机与洒水车配合主要解决压实问题。碎石机、筛粉机和皮带输送机在安装时要选择好作业场，尽量考虑"一条龙"的作业线。加工好的碎石，装载机与自卸汽车配合，将碎石运到碎石基础作业面，进行撒铺、碾压和封面。

碾压方法有以下几种。

1. 稳定期的碾压

铺好主层碎石（一般为 3 ～ 7 cm 粒径）后，采用轻型压路机碾压。不洒水，目的是使碎石在压路机的作用下，自动调整其位置，直至挤紧而不再移动为止。碾压次数不宜过多，否则会使碎石的棱、角碾掉，或引起碎石层下面的土基、垫层变形，不利于基层稳定和密实。

2. 压实期的碾压

采用中型压路机进行洒水碾压，该碾压的目的是减小石料之间的摩擦阻力，通过再次碾压，可以进一步增大石料间的紧密程度。此阶段应碾压至碎石不松动、不起波浪、表面无轮迹为止。

3. 成型期的碾压

需要逐次撒铺石碴与石屑等嵌缝料，均匀扫入缝隙内，用中型或重型压路机进行洒水碾压，直至形成密实表面层，轮迹深不大于 5 mm。

（二）沙基础和沙砾石基础

沙基础和沙砾石基础，主要工序是运输和压实，运输通常采用装载机和自卸汽车配合，压实分沙基础压实和沙砾石基础压实。

1. 沙基础压实

沙基础碾压前应洒水湿润，使之达到最佳含水量，再及时进行碾压，以免土基渗水过多以及泡软后造成翻浆。沙基厚度超过 25 cm 时，要分层压实，用履带式机械碾压时，每次错半个履带宽。最后两遍碾压时，要做一次测量检查，找平后再碾压，直至达到要求为止。

2. 沙砾石基础压实

碾压前应洒水，使沙砾石全部湿润，但不能过湿影响土基。洒水后即可进行碾压。碾压 2 或 3 遍至初步稳定后，应及时检查找平。

（三）块石基础和卵石基础

块石基础和卵石基础作业主要是采石、运输、压实。碾压分两步进行：第一步是先用 8 ~ 10 t 压路机压两遍，然后复测高程，按设计要求进行找平；第二步是用 12 ~ 15 t 的压路机碾压 8 遍，先错半轮后错整轮，最后两遍碾压前，再做一次质量检查，仔细找平使之符合质量要求。

（四）结合料稳定类基础

掺和各种结合料，通过物理、化学作用，可以使各种土或工业废渣的工程性质有所改善，成为具有较高强度和稳定性的结构层。稳定土不仅可以作为较高级的机场路面的基础，也可以作为标准的等级公路的路面。其能够大大降低工程造价，节省劳力和运输成本，改善土基的工作状态。常用的稳定土基础有石灰土基础、水泥土基础、沥青土基础、工业废渣土基础等几种。这些基础作业，从机械使用角度讲，主要解决的是装运材料及压实作业。

六、机场水泥混凝土路面施工

水泥混凝土路面，具有较高的强度和耐久性，是机场跑道普遍采用的路面。水泥混凝土路面是机场建筑中的一项主体工程，投资大，需要大量的人工、机械和材料，路面质量要求高，施工工序繁多，一环紧扣一环。所以，在水泥混凝土路面施工前，要做好充分的准备，在施工中要有严格的质量要求，在施工后还要认真维护，只有这样才能保证质量，满足飞行的要求。

（一）水泥混凝土路面的施工准备

水泥混凝土路面施工准备工作的内容很多，如熟悉图纸、编制施工计划、技术交底、施工现场布置、模板的加工、培养骨干进行混凝土试浇等。这里着重介绍施工现场布置中的搅拌机位置的选择及材料堆放要求。

1. 搅拌机位置的选择

搅拌机位置的选择，一般应满足以下三个条件。

（1）尽量靠近混凝土路面施工。如路面宽度相同、厚度相等、纵坡平缓，则机位应设在该段中心附近处；如纵坡较陡，则宜将机位设在略靠机位上坡一侧。

（2）搅拌机（站）前要有车辆回转的场地。如果用手推车运料，至少要有 2 m 宽、4 ~ 6 m 长的活动场地，如果用自卸汽车运料，则搅拌机前至少要有 24 m × 10 m 的车辆进出活动场地，如图 4-4-1 所示。若用机动小翻斗运料，则可适当减少车辆进出活动场地次数。

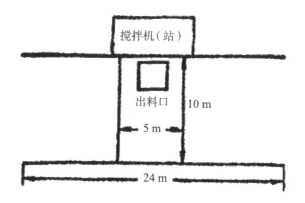

图4-4-1　搅拌机（站）前的车辆进出尺寸

（3）搅拌站附近要有合适的堆料场地。

2. 材料堆放要求

（1）材料堆放要根据施工顺序，先用近堆，还要考虑人工上料的运输路线，避免重车上坡或车辆互相交叉（图4-2-2）。机械化或半机械化上料时，材料堆放应以配料仓为中心，在搅拌机后成扇形堆放。

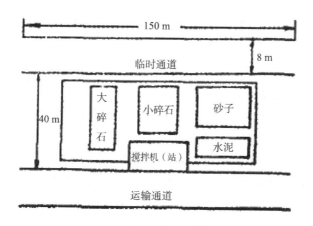

图4-2-2　材料堆放示意图

（2）材料场要平整坚实，如为土质场地应预先进行充分的碾压，最好底层铺3 cm厚沙子，以减少对石子的污染。有条件的地方尽可能堆在坚硬路面上，以便装车。水泥要堆在地势较高的干燥处，否则在平地要做水泥垛底，用石料或枕木为底,并铺上油毡。垛底应高出地面 30 ~ 50 cm,以能防水防潮为原则。

(3)材料堆放高度要合适,人工装卸时,石料堆放高度以 2 m 左右为宜,料堆边坡为 1 : 1.5 ~ 1 : 1。水泥垛也不宜堆得过高,过高易将水泥压实结块,而且拆垛装卸也不方便,一般 2 ~ 3 m 高即可,顶面呈屋脊形,并用帆布盖严。

(二)水泥混凝土路面的施工方法

在组织水泥混凝土路面施工时,通常将施工人员分为 3 个队,即混合料生产队、运输队、混凝土浇筑队。

1. 混合料生产队

混合料生产队主要负责按配合比重量正确供应沙、石、水泥及水等材料,拌制和供应合格的混凝土混合料。

(1)搅拌时间:要使混凝土的混合料混合均匀,必须有一定的搅拌时间。通常情况下,自搅拌机料斗内的材料全部进入搅拌鼓起,至混合料开始出料止,搅拌机的搅拌时间应根据该机型号而定。另外,每班开拌第一鼓时,由于搅拌鼓要吸收一部分水泥砂浆,应多加 10 ~ 15 kg 水泥及相应的水与沙,并适当延长搅拌时间。每班结束或停工半小时以上时,搅拌鼓内出尽拌和料,再加水与石料转动清洗。

(2)加料顺序:加料顺序是影响混凝土质量及搅拌机生产率的另一重要因素。因此,要按这样的顺序进行加料:先石子、次水泥、后沙子;水可以先加入拌和鼓内,或者在上料斗提升进料后边搅拌边加水。这样的加料顺序对于提高混合料质量,缩短搅拌时间以及减少浪费都有利。另外,石料在料斗底层,水泥在中间,沙子盖在水泥上,这样进料时易倒入搅拌鼓内,不易粘鼓,水泥也不至于在料斗提升过程中被风刮走。

(3)使用搅拌机应注意的事项:①拌和鼓正常转动后,才能投料;②加料斗升起后,严禁人员从斗下通过或停留;③拌和鼓转动时,禁止用工具或其他器材伸入鼓内帮助搅拌或出料;④电动搅拌机在作业和修理时防止触电;⑤因故障停机时,应将鼓内混合料取出,以免凝结。

2. 运输队

运输队主要担任沙、石、水泥模板等混凝土配料的运输工作,这里主要介绍在运输混凝土时应注意的几个问题。目前,在机场施工中,混凝土运输大多用解放5 t自卸汽车及1 t小翻斗运送，如运输距离较近也可用双轮手推车人工运输，其要求如下。

（1）运输道路要平整畅顺，减少车辆颠簸。

（2）控制出料及卸料高度，最大不得超过1.5 m，以保持混合料的均匀性，防止产生离析现象。

（3）运输工具应不吸水、不漏浆，在运输前应用水湿润，使用过程中经常清除黏附硬化的混凝土残浆。

（4）合理调配车辆，使运料和拌和紧密衔接，搅拌机前不积料。

（5）车辆进入浇筑地段及卸料地点时，要听从指挥，不得碰撞模板。

3. 混凝土浇筑队

混凝土浇筑队主要担负扣灰与插边、铺平、捣实、做面和养护等工作。

（1）扣灰与插边："扣灰先扣边，一人把一边"，要有专人把控板边质量，选用细料扣边角，然后扣中间。混凝土厚超过25 cm时，要分层铺料。扣灰后，对边角用插入式振捣器顺着板边及角隅进行振捣。

（2）铺平：铺平是在扣灰的基础上将混凝土均匀地布满仓格，并控制好虚高。一般16～25 cm厚的混凝土，其虚高为混凝土厚的9%～12%，料稀少留，料稠多留。这是因为料稀流动性就大，孔隙小，虚高可少留，料稠则相反。每班铺筑的剩余混凝土不得铺在仓内"垫底"，应按要求制成预制块或构件，以备它用。

（3）振捣：路面板角部位常用插入式振捣器振捣，中间部位用平板振捣器振捣。使用时，插入式振捣器要快插慢拔，快插是为了防止先将表面的混凝土振实，慢拔是为了使混凝土能来得及填满振动棒抽出时所形成的空间。通常每个插点要振20～30 s，到混凝土不再显著下沉，不再出现气泡，表面泛出灰浆为止。插点间距为40～50 cm，插入深度要恰当；不要太深以免扰动沙基。平板振动器振动时，要求振动器与混凝土表面保持接触，每一板持续时间合适，通常以混凝土停止下沉，不再冒出大量气泡，听不到啪啪的声音，混凝土表面有一层水泥浆为准，一般不少于40 s。板与板、行与行都要重叠5～10 cm。振捣器板边应离开模板5～10 cm，防止振动模板。

（4）做面：做面的目的是使混凝土表面平整、密实，并有一定的粗糙度。做面工作包括振平、滚压、抹面及拉毛等工序。这些工序的要求是：横拖要平、提浆要稠，抹面要细、拉毛要平整粗糙。

（5）养护：养护是保障混凝土的水化作用和使混凝土强度增长的重要因素。在刚浇筑完的混凝土路面上，应及时加盖养护棚，以防刮风、下雨，烈日暴晒、水分过多蒸发以及其他原因引起对路面的破坏。养护棚要轻便，面积要稍大于板面，3～5 h后，用手指按压混凝土表面，无印痕时可抬走养护棚，开始正常的养护。养护方法一般有盖沙养护、盖塑料布养护和喷洒塑料薄膜溶液等几种。

第五章 高原寒区工程机械维护保养的特点与内容

工程机械维护保养，是根据机械的性能、技术状况和使用环境条件，按照机械的磨损规律，为减轻工程机械零部件损耗速度，预防故障发生，维护技术性能，延长大修周期和使用寿命，降低使用成本，保持其处于完好技术状况而采取的一种防护性技术措施。

第一节 高原寒区工程机械维护保养的特点

工程机械是工程作业能力的主要依托。高原寒区条件下，低压寒冷对工程机械发动、机动、作业产生着重要影响，工程机械长时间在极限状态下运行，故障率会显著提高，这对工程机械的维护保养提出了更高要求。

一、极端环境故障率高，维护保养任务繁重

高原寒区海拔高、空气含氧量低、风沙大、自然环境恶劣，工程机械技术性能下降，工程机械保管维护难。高原寒区，山地遍布，平均海拔 4000～5000 m，空气稀薄，含氧量不足平原的 50%，加之气压低，发动机进气量不足，可燃混合气体燃烧不充分，致使发动机冒黑烟，启动困难，车辆工程机械功率下降约 20%，特别是海拔超过 5000 m 后尤为突出，工程机械故障率提升 20%～30%。高原寒区夏季多风沙且持续时间长，给野外停放车辆的管理和维护造成不利影响。高原昼夜温差大，车辆橡胶件收缩变形，易发生漏油、磨损加剧等问题，发动机、高压油泵等精密部件故障高发，加之保障人员高原反应、体能下降，使得维修保障效率下降。再加之工程机械种类多、型号杂，势必需要进行大量的抢救、抢修工作，这使得维护保养任务更加繁重。

二、工程机械技术密集，维护保养专业性强

现代工程机械是多项高技术综合运用的复合体，结构复杂，自动化程度高，从而使得对其保养、检测、修理的难度加大。就单个工程机械而言，其技术保障任务也变得越来越复杂繁重。任何一个高技术工程机械都是技术密集型产品，技术含量的增加必然带来技术保障任务的增大。特别是随着高技术工程机械数量的逐渐增多，高技术的渗透逐渐加重，技术保障将由过去以维修为主逐渐转向光、电子精密仪器等多种高技术维修上来，维修保养的精密度和难度也随之提高。据有关资料介绍，20世纪50年代一个复杂的工程机械，其维修检测点只有几十个，而现在一个复杂的工程机械，其维修检测点多达上百个。首先，在实施技术保障过程中所遇到的技术问题，其涉及面广、难度之大是以往任何时候都无法比拟的。另外，技术保障不仅要解决工程机械使用过程中出现的各种技术问题，还要解决技术保障工程机械的技术问题。其次，工程机械的破坏机理增多，也加大了技术保障的技术难度。过去，工程机械的破坏机理主要是硬摧毁，技术保障工作则主要表现为大量的修理，技术难度相对比较低。随着高技术工程机械特别是一些工程机械新概念的出现，如数字化工程机械等，这些高技术工程机械不仅可能被硬摧毁，产生硬故障，而且可能被软破坏，产生软故障，如计算机病毒、仪器仪表失灵等，从而增大了故障检测、排除和修复的难度，工程机械的破坏机理已经由过去单一的硬摧毁发展为软杀伤与硬摧毁相结合的多样式的综合破坏，使工程机械破坏的种类越来越多。技术保障不仅要解决大量的硬件技术问题，还要解决许多软件技术问题。由此可见，技术保障难度大是高技术条件下技术保障的一个显著特点。

三、工程机械种类繁杂，维护保养内容多样

工程机械种类多、型号杂，使得维护保养的对象及其相关环境都极为复杂。工程机械维护保养对象的多样化表现在多方面。首先工程机械有国产的，也有少量多国进口的，来源多，且型号参差，致使技术使用与管理、维护保养、器材资源筹措较难实现。其次工程机械技术水平和结构功能水平跨度较大，一般技术和高技术都有采用，对维护技术和设备的先进性有较高的要求。最后工程机械的损坏模式不一，作业使用中不仅有受击损坏、事故损坏，而且工程机械运用地域广、项目多，条件恶劣，正常磨损和非正常磨损的速率与程度会很高，维护工作的类型多、工作量大。除此以外，其保障技术也十分繁杂。如使用中的技术保障，单保养一项，就涉及故障判断和检测、定位以及保养工艺确定等

多项工作。不难想象，随着工程机械的发展，新技术、新材料、新工艺和微电子技术在工程机械上的采用，工程机械维护保养工作还将增加更多新的内容。

四、高原寒区经济落后，器材保障难以充足

由于历史和地理的原因，青藏高原的经济发展水平仍然比较落后。路途险峻、周边荒无人烟，社会可依托条件差。工程机械配套产业不发达，野外作业物流配送难度大，极端地形条件下器材保养无法实现社会化。高原寒区机动路线沿途多为无人区，山区道路坡陡、弯多、路险，路途多有塌方、落石，给工程机械机动和物资筹措带来极大挑战。同时，随着工程机械的使用强度日趋增大，使用环境异常恶劣，自然损坏和技术故障也明显增多，工程机械维护保养需要多种类的大量维修器材。

五、高原寒区环境恶劣，维护保养作业困难

高原工程作业区，海拔多在 $3600 \sim 6537$ m，受高寒缺氧、空气稀薄和强日光辐射等多种因素的影响，人员高原发病率达 80%，体力下降至正常情况下的 60%，工程机械维护保养作业效能下降至 50% $\sim$ 60%，维护保养工时将增加 0.5 倍，保障效率相对降低。

第二节　高原寒区工程机械维护保养的内容

高原寒区工程机械维护保养的内容主要包括清洁、紧固、调整、润滑和防腐，要求做到清洁完整、紧固适当、调整正确、润滑周到、没有故障。

清洁完整包括清洁和完整，具体要求是：车容整洁，标识清晰，车内外各部清洁，无锈蚀，各零部件、随车工具、附件、备品齐全完好，各种履历文书记载及时、准确、完整，各种油、液数量、质量符合标准。紧固适当的具体要求是：各零部件连接可靠，各紧固件按技术条件拧紧并锁好。调整正确的具体要求是：各个行程、空回量、力矩、压力、电压、电流、分辨率等参数符合标准。润滑周到的具体要求是：润滑系和各润滑点按季、按时、按量使用规定牌号的润滑油（脂），并按要求进行检查、加添或更换。没有故障的具体要求是：各部件工作正常，车体无变形、无开焊和裂纹，无漏油、漏液、漏气，电路无短路、断路，光学仪器无发雾、发霉和其他污损，各种管路、电子元（器）件、光学部（组）件、橡胶制品等无老化、失效现象。

一、清洁

工程机械在使用过程中，必然会造成其外表及各系统、各部位的脏污，有些关键部位脏污后将影响工程机械的正常工作。因此，清洁作业不仅是保持机容整洁的需要，更重要的是维持工程机械安全和正常工作的需要。

清洁作业中要特别注意做好发动机"三滤"（即空气、机油、柴油滤清器）和电气部分的清洁作业。

（一）空气滤清器的清洁

随着空气滤清器脏污程度的增加，其滤清效率不断下降（完好滤清器的滤清效率为 99.97%，不得低于 98%），滤清阻力增加（正常情况下为 6 ～ 8 kPa，不得超过 12.5 kPa），造成发动机磨损加剧，功率下降，因此，必须及时清洁。清洁空气滤清器时，必须注意空气滤清器到进气歧管之间管路的密闭，否则空气将不经滤清而直接进入气缸，加剧磨损。空气滤清器的清洗方法如下：拆下空气滤清器，拆下滤芯。油溶式空气滤清器的金属滤网、集尘器、集尘盘等可用清洗液清洗，晾干后，在金属滤网表面涂刷一层机油，集尘盘中的机油应加至刻线位置，严寒冬季应加注寒区机油；干式空气滤清器的纸质滤芯，可用毛刷刷除表面的附着物，或以不大于 0.5 MPa 的压缩空气从里向外吹除尘埃。滤芯严重堵塞或破损应更换。集尘盘和 12150L-3 型柴油机空气滤清器的切向导气管应用水清洗，并擦拭干净。

空气滤清器装复时，密封胶圈应完好，进气管路不得漏气。

（二）机油滤清器的清洁

机油滤清器使用一定时间后，滤芯表面脏污越来越多，虽然滤清质量有所提高，但滤清阻力加大，油压下降，循环减少，供油不足，不能保证发动机正常工作而使磨损加速；甚至会有一部分机油通过旁通活门，不经滤清就进入润滑油道，形成磨料性磨损。为此，必须及时清洗机油滤清器。机油滤清器的清洗方法如下：拆下机油滤清器，取出滤芯。金属缝隙式机油粗滤芯，先用毛刷蘸清洗液刷洗，然后用清洁的柴油冲洗其内腔。若滤芯损坏则可用锡焊补或更换新品。刮片式机油粗滤芯，通常是一边转动手柄，一边用毛刷刷洗。若积垢过多，转动困难，则可将滤芯分解，逐片清洗。装复后的机油滤清器手柄应能转动自如。

金属缝隙式机油细滤芯的清洗方法同粗滤芯。清洗离心式机油细滤芯转子内的污垢时，先用木质刮片刮除内壁上的污垢，然后用清洗液清洗干净，并疏通喷孔和清洗其内的两个滤网。装复时，转子盖上的箭头或记号应对正，其上的两个固定螺母应按规定扭矩对称均匀拧紧，装复后的转子应转动灵活。一次性机油滤清器滤芯应更换新品。

（三）柴油滤清器的清洁

柴油发动机供油系统的主要零部件的配合间隙精密。供油系统工作是否可靠，主要取决于柴油的纯净程度，使用清洁的柴油可使精密零件的使用寿命提升 30% ～ 40%。柴油中含有杂质还会加速气缸的磨损。因此，除在加油时必须保持清洁外，还要定期放出柴油箱内沉淀的杂质，特别是要定期清洗柴油滤清器。不及时清洗柴油滤清器会造成滤清效率下降或供油不足，使发动机不能正常工作。

柴油滤清器清洗时，应先分解滤清器，再取出滤芯。纸质滤芯可先放在清洗液中浸泡，然后刷洗干净。若滤芯堵塞严重或破损应更换。毛毡式滤芯只清洗外表面，不应弄脏骨腔。装复滤清器时，应保证各部分密封良好，装复后应排除低压油路中的空气。

（四）冷却系的清洗

发动机水温经常过高时，应查明原因，如确系冷却系中生成水垢或散热器表面太脏，就必须清洗冷却系，否则会使发动机功率下降，加剧磨损。因水道形状复杂，而无法用机械的办法清除水垢，一般情况下只能用化学方法清洗。通常结合入夏时的换季保养清洗冷却系。

冷却系的清洗方法如下：按除垢剂使用要求配好清洗液，再将其加入散热器中，启动柴油机，将水套、散热器内的水垢清洗干净。拆下节温器，将节温器放在盛水的烧杯中加热，用温度计测量水温，良好的节温器主阀应在 65° ～ 72 ℃时开始开启，80° ～ 85 ℃时完全开启，否则应更换新品。风冷式柴油机应拆下导风挡板，用压缩空气沿冷却气流的相反方向吹除散热片上的积污和灰尘。若散热片上粘有油污，则可用清洗液刷洗干净。

机油冷却器的清洗方法是：分解机油冷却器，用清洗液清洗芯管内的油垢。芯管脱焊或腐蚀穿孔应焊补，若损坏较多则应更换新品。装复时，密封胶圈应平整，胶圈老化或发黏应更换。

散热器的清洗方法是：用压缩空气吹除或用压力水冲净（机油）散热器芯管表面的积尘。如积垢较多，可用铜丝刷刷除。

（五）油箱的清洁

放尽油箱中的燃油，拆下油箱，用清洁的燃油（如轻柴油）将油箱清洗干净。

（六）电气设备的清洁

为保证电气设备正常工作，应经常保持电动机、发电机、启动机、蓄电池、调节器以及电器操作和电气控制部分等电气设备的清洁，定期清除整流子和碳刷上的碳粉，并按规定擦拭整流子，保持电气触点的清洁。

发电机、启动机的清洁方法是：分解发电机、启动机，用压缩空气吹除或用布蘸汽油擦净各零件表面的炭尘和污物。换向器或滑环表面烧蚀，可用"00"号砂纸打磨光洁。装复时，轴承内应充满润滑脂。

蓄电池的清洁方法是：擦拭其外部尘土和污垢，疏通加液口盖上的通气孔。

（七）喷油泵凸轮室的清洁

放尽喷油泵凸轮室内的机油，用清洗液清洗干净，然后按规定加注新机油。

（八）底盘及工作装置的清洁

（1）清洗通气装置。卸下变速箱、液压油箱、后桥箱或转向离合器及最终减速器的通气装置（通气罩、通气孔滤网），用清洗液清洗，晾干后装好。

（2）擦拭工程机械。作业（行驶）结束后，清除滤网、滤芯各部泥水、油污；用镜头纸擦拭光学仪器镜面。

（3）清洗滤网、滤芯。用清洗液清洗滤网（吸油和回油）、滤芯上的污物，用毛刷刷净或用压缩空气由内向外吹净，滤网破损应修补或更换。

（4）清洗油水分离器。用清洗液洗净内腔和滤芯，出气阀积污、锈蚀应清洗或研磨。

二、紧固

紧固的目的是使各连接件紧固，使之密封和工作可靠。工程机械上有很多部位是采用螺丝、螺栓和销等固定的，由于工作时不断振动和受交变负荷等影响，有些固定件可能松动，所以必须及时检查，予以紧固。如不及时紧固不仅可能发生漏油、漏气、漏水、漏电等现象，有些关键部位松动，还可能改变该部位设计的受力分布情况，轻者造成零件变形，重者造成零件断裂。另外，松动还可能导致操纵失灵，零件或总成移动、脱落，甚至造成工程机械事故损坏。

三、调整

工程机械上有很多零件的相对关系和工作参数需要及时进行检查调整，如不及时调整，轻者造成工作不经济，重者导致工程机械工作不安全，甚至发生事故。调整的主要内容和部位如下。

（1）间隙方面，如各齿轮间隙、气门间隙、制动间隙、火花塞间隙、分电器白金间隙等。

（2）行程方面，如离合器踏板行程、制动器踏板行程等。离合器的工作是通过分离、滑磨、结合三种工况完成的，要求分离彻底、结合可靠。这一方面要靠正确的组装来实现，另一方面要通过对离合器及其操纵装置的正确调整来实现。离合器在工作中，行程不断发生变化，变化到一定程度就会影响其正常工作，必须及时检查调整。

（3）角度方面，如点火提前角度、供油提前角度等。随着使用时间的增长，柴油机的供油提前角度会自然减小（原调整位置不变），各种发动机减小的幅度不等，如使用 400 h 后，有的减小 5°～6° 曲轴转角，有的甚至减小 12°～14° 曲轴转角。供油提前角度的变化对发动机工作产生着较大影响，如供油提前角度减小，会使喷油推迟，燃烧不及时，形成滞燃。其表现是发动机负荷较大时连续排黑烟，严重时甚至排火焰，行驶无力，水温升高，其后果是发动功率下降，燃料消耗增加，发动机容易过热。

（4）压力方面，如燃料喷油压力、机油压力、空压机压力、液压系统工作压力、蒸汽压力等。

（5）流量方面，如柴油供油的流量、水泵的流量、液压系统的流量等。

（6）松紧方面，如风扇皮带松紧度、履带松紧度等。

（7）其他方面，如电解液比重、电压、发动机怠速等都需要及时调整。另外，轮胎应及时换位等。

四、润滑

工程机械在使用中，要按照规定要求合理选用润滑油，并定期加注或更换润滑油，以保持工程机械各运动零件间的良好润滑性能，减少零件磨损，保证工程机械正常工作。润滑是减少磨损的唯一方法，是工程机械保养中极为重要的一项内容，必须引起重视。

五、防腐

工程机械在使用中不可避免地会造成一些金属制品的保护层脱落，必须及时进行防潮、防锈、防酸等防腐工作。对金属表面要进行补漆或涂油脂等，对一些非金属制品也应采取必要的防腐措施加以保护。

第六章　高原寒区工程机械维护保养技术

工程机械维护保养是贯穿工程机械维修保障全过程的基础性工作。工程机械维护保养技术是指使工程机械保持规定状态所采取的技术措施的统称，又称保养技术或者维护保养技术，它是使工程机械保持规定状态所采取的措施。

工程机械维护保养的目的：一是保持工程机械的正常使用状态，充分发挥其技术性能，延长使用寿命，降低器材和油料损耗，以保障工程作业项目的顺利完成；二是防腐蚀、防霉烂、防老化，减少工程机械的过早损坏，延长使用或存储寿命。

工程机械维护保养的主要工作内容包括清洗、润滑、检查、调试、紧箍、保险、整理、包扎、标线、搭铁、减震。防雨雪、防潮湿、防暴晒、防沙尘、防污染、防腐蚀、防老化、防断裂、防损伤、防漏电等具体的日常维护内容，与维护工程机械对象、维护时机有关。例如，工程机械操作人员在维修人员的指导下，要按照保养计划，结合施工任务，对工程机械展开日常维护工作，包括每班保养、试运转保养、定期保养等。随着计算机技术在工程机械中的大量运用，软件维护已经成为重要的工程机械维护保养内容。通过软件维护，纠正工程机械使用过程中发现的错误、病毒或者进行性能改进。

工程机械维护保养的主要工作方式是定期检修和周期性工作。定期检修和周期性工作是指在规定的使用时限内，按照维护规程规定的周期（间隔）对工程机械进行的预防性检查和性能维护。其作用是通过对规定项目的检查、调整，判断工程机械及其系统的技术状态，及早发现受损部件的磨耗和损伤，及时对系统、设备的特性参数进行调整，排除故障和故障隐患，并进行清洗、润滑、调整等保养工作，目的是保持和恢复工程机械的可靠性，使其技术状态符合标准，保证在下一个周期内正常可靠使用。

工程机械维护保养技术包含了为达到工程机械维护保养目的、满足工程机械维护保养工作内容要求而展开定期检修和周期性工作等相关维护活动所依托的方法、工艺和手段。对于大型、复杂工程机械的维护，常常需要一些专门技能和各种机械或机电一体化的设备、设施以及辅助工具。这里的专门技术主要介绍擦拭和清洗、润滑、表面涂装、充放电以及软件维护等技术。

第一节　擦拭和清洗技术

一、擦拭技术

擦拭技术是指除尘、除垢、除杂质的擦拭工艺和手段。工程机械擦拭通常按不同工程机械的擦拭工艺来执行，需要擦拭材料、擦拭油液和擦拭机械 3 种物质。

（一）擦拭材料

擦拭材料，如擦拭布、纸、棉、化纤等传统擦拭材料，适用于不同的工程机械及其零部件表面。除传统擦拭材料外，还有擦拭巾和一次性擦拭布。擦拭巾由特殊纤维精制而成，其纤维组织特别细腻，吸水能力强，吸水量是毛巾的 6 ～ 10 倍，是仿鹿皮擦车巾的 2 ～ 3 倍，特别适合擦拭飞机、光学仪器和高档车辆，绝不划伤被擦物；一次性擦拭布多数都由纸和特殊的化学纤维制造而成，又称擦拭纸巾。

（二）擦拭油液

擦拭油液是工程机械擦拭的主要物质，包括工程机械清洗液、清洁剂和防雾毛巾等。工程机械清洗液富含多活性物质，泡沫丰富，去污力强，对清洗工程机械表面的泥、沙、灰尘、油污效果良好，是一种理想的工程机械专用清洗液；清洁剂可用于工程机械快捷祛除顽固污渍油垢，而无须对物品进行干燥处理及表面褪色处理，能提供快捷和彻底的深层清洁；防雾毛巾可对汽车和飞机内高档真皮与装饰件进行保护性清洁，恢复其原有光泽和色彩。

（三）擦拭机械

擦拭机械是工程机械擦拭所使用的设备，可减轻擦拭的劳动强度、提高擦拭效率。随着工程机械构造复杂程度的不断提高，工程机械日常维护的擦拭工作量越来越多，于是出现了多种用于工程机械擦拭的自动化擦拭设备，通过集成擦拭机械、擦拭工艺，并通过实施工艺参数控制，提高了擦拭效率，大大降低了一线工程机械维护人员的劳动强度，深受使用单位欢迎。如免擦拭洗车机用于对工程机械车辆进行清洗，不伤工程机械漆面，能彻底清洗车缝、胎铃、节省能源，效率高。在工程机械维护中，擦拭工作是一种可随时进行的工作，有时也规定了一些必须定时擦拭的工作。如工程潜望镜、工程测远镜等工程观测器材以及其他电子、光学器材的保养，主要是保持光学显示、电器部件的清洁和完好，所以每次作业后要用专用的擦拭器材进行细致的擦拭保养，擦净尘土、水迹。如在两栖工程机械操纵系统的日常维护中，要求对驾驶舱的仪表控制面板进行及时擦拭，以清洁操作面板；要求对车载计算机、数据计算机的连接线缆等进行定时擦拭。

擦拭工艺因工程机械而异，一般先除去擦拭工程机械的尘土，对涂油层要除去油垢换新油，对脱漆部位要除去旧漆补新漆，对生锈部位要除去锈迹后再涂油保护，对精密的外露金属表面要换上新油后贴封油纸。对电器部件要使用干布擦拭，必要时可用棉球蘸酒精擦拭。

二、清洗技术

工程机械及机件表面往往会附着灰尘、油污、积碳、锈蚀和水垢等污物，对工程机械的使用寿命、性能发挥均构成威胁，也影响了维修过程的顺利进行。因此在使用、维修过程中必须进行彻底的清洗。

清洗是指采用机械、物理、化学或电化学方法，去除工程机械及其零部件表面附着的油脂和其他污物的技术，又称净化。

常用的清洗技术有蒸汽法、电解法、超声波法、高压喷射清洗法等。蒸汽法主要利用溶剂的热蒸汽除去零件表面的油污；电解法主要利用碱清洗液的皂化、乳化、润湿、分散等一系列物理化学作用和电化学反应产生的气泡去除油污；超声波法利用超声波产生的超声空化效应剥离表面黏附的各类污物；高压喷射清洗法利用高速喷射的清洗液在零件表面产生的冲击、冲蚀、疲劳和气蚀等多种机械作用、化学作用，清除零件表面的污物。

工业用清洗剂主要包括有机溶剂、乳化液、碱洗液和水基清洗剂四大类。有机溶剂通过浸透和溶解作用洗涤油污；乳化液体系中，有机溶剂发挥着溶解油脂的作用，乳化剂则促使溶有油脂的溶剂乳化、分散，形成乳浊液将油脂带离金属表面；碱洗液可用于化学清洗和电解清洗，在化学清洗中，主要利用碱溶液中的氢氧化钠组分通过皂化作用去除动植物油，借助硅酸钠或表面活性剂的乳化作用去除矿物油；水基清洗剂主要通过润湿、渗透、乳化、分散、增溶等作用，去除表面附着的油污。

在维修工作中，清洗包括外部清洗和零件清洗。外部清洗主要清洗工程机械表面的尘土、泥沙等，用于对工程机械进行初级清洗；零件清洗是对零部件进行再次清洗，用于满足清洗的要求。根据污染物的类型和属性，又将零件清洗分为除油、除锈、除漆、清除积炭和清除水垢 5 种类型。

（一）外部清洗

外部清洗主要用于清洗工程机械表面的尘土、泥沙等污物，一般采用 1 ～ 10 MPa 压力的冷水进行冲洗。对于密度较大的厚层污物，可以加入适量的化学清洗剂并提高喷射压力和温度。常见的外部清洗设备有单枪射流清洗机和多喷嘴射流清洗机。

（二）清除油污

1. 碱溶液除油

碱溶液的除油机理主要是靠皂化和乳化作用。动植物油可以和碱性化合物溶液发生皂化作用生成肥皂和甘油而溶解于水中；矿物油在碱性溶液中不能溶解，清洗时需利用加入碱性化合物溶液中的乳化剂，使油脂形成乳浊液而脱离零件表面。

当加入乳化剂，并将溶液加热到 75 ℃以上时，油膜由于受热膨胀和表面张力作用，油膜破裂而凝集成油滴，然后在油滴外面形成乳化剂吸附层，以阻止油滴聚集。同时乳化剂还湿润金属表面，使油膜和油滴与金属表面分离，从而实现清洗目的。常用的乳化剂有肥皂、水玻璃、树胶等，一般用量为溶液的 0.2% ～ 0.5%，不超过 3%。碱溶液的浓度应适中，一般为 10% 左右。由于碱对金属有腐蚀作用，对于较活泼的有色金属（如铝金属）不宜用强碱清洗，而用易于水解的碱盐，如碳酸钠、磷酸钠等，或者可在清洗溶液中加少量钝化能力强的重铬酸钾作为缓蚀剂。

碱溶液清洗常用配方见表 6-1-1。配方中主要成分的作用如下。

（1）苛性钠：起皂化作用。含量太低会降低除油效果，太高则肥皂的溶解度变小，除油效果也会变差。对铝、铜及其合金应控制在 2% 以下，也可以不加。

（2）碳酸钠：起软化水的作用，并维持溶液有一定的碱性。碱性是影响清洗效果的一个很重要的因素，它决定着溶液中和污物酸性成分，使油污皂化，降低溶液接触张力和水的硬度等能力。

（3）水玻璃：主要起乳化作用。当它与肥皂混合使用时，效果更好。水玻璃对金属有防腐作用，特别是对铝、镁、铜及其合金有特殊的保护作用。水玻璃在水溶液中水解生成胶体多硅酸。胶体多硅酸能提高溶液分散污物的能力，并防止污物再次沉积。

（4）磷酸盐：能提升溶液对零件的湿润能力，并有一定的乳化和缓蚀作用。另外，它与硬水的钙、镁离子结合生成难溶于水的，并以溶渣形式自溶液中析出的钙盐和镁盐，对水起软化作用。

碱溶液除油是目前修理中使用最广的除油方法，多数采用简便的碱煮方法。即将零件（小件可用铁筐盛着）放入被加热到 70 ～ 90 ℃的碱溶液中煮洗。一般钢铁零件的煮洗时间为 10 ～ 15 min，取出后用热水冲洗干净，晾干。

表 6-1-1　碱溶液除油配方

单位：g

配方物质	钢铁零件			铝合金零件		
	配方一	配方二	配方三	配方一	配方二	配方三
苛性钠（烧碱）	10	0.75	2			
碳酸钠（纯碱）		5		1	0.4	
磷酸钠		1	5			
肥皂		0.15				
硅酸钠			3		0.15	0.15
重铬酸钾				0.05		
液态肥皂	0.2					0.2
水	100	100	100	100	100	100

2. 有机溶剂除油

有机溶剂清除油污是以溶解污物为基础的。由于溶剂表面张力小，能够很好地使被清除表面润湿并迅速渗透到污物的微孔和裂隙中，然后借助喷、刷等方法将油污去掉。由于有机溶剂能溶解各种油脂而又不损伤零件，所以是良好的除油剂。常见的有机溶剂有煤油、轻柴油、汽油、三氯乙烯、四氯化碳、丙酮和酒精等。根据被清洗的零件的不同要求，可采用不同的有机溶剂。

（1）一般修理工作中使用的有机溶剂多为汽油、煤油、轻柴油等，这些油液能满足工程机械修理和装配时的清洗要求，且成本较低无须特殊设备，因此，在修理单位和野外修理作业中被广泛采用。具体方法是将零件放入装在煤油、轻柴油或化学清洗剂的容器中，用棉纱擦洗或毛刷刷洗，以去除零件表面的油污。一般不宜用汽油作清洗剂，因其有溶脂性，会损害工人身体且容易造成火灾。

（2）对于特殊要求的清洗，如贵重仪表、零件粘接的表面处理等，可以分别选用酒精、丙酮、乙醚、苯等有机溶剂。这类溶剂去油能力强，挥发性好，清洗质量高，但成本昂贵。

在使用有机类清洗液时要注意使用安全。因为有机类清洗液多数为易燃物（只有三氯乙烯等少数溶液不易燃烧），在常温下容易燃烧。三氯乙烯是一种无色透明、易流动、易挥发、在常温下带有芳香味的液体。它溶解油脂的能力很强，常温下比汽油高 4 倍，50 ℃时比汽油高 7 倍，清洗效果很好，但有毒性，与明火接触会产生剧毒的光气。当空气中它的含量高于 10 mg/m^3 时，对人的神经系统就可能产生麻醉作用，使用时必须采取严格的安全防护措施。

3. 非金属零件的清洗

（1）橡胶零件（如制动皮碗、皮圈）的清洗。橡胶零件清洗时应用酒精或制动液清洗，严防用柴油、汽油和碱溶液清洗，以防止发胀变质。

（2）制动和离合器摩擦片，应用汽油刷洗干净后晾干使用。

（3）皮质零件（如皮制油封等），一般用干布擦净即可使用。

（三）清除锈蚀

除锈是指采用机械、化学、电化学等方法去除工程机械及其零部件表面氧化物的技术。锈层是金属表面与空气中的氧、水分和腐蚀性气体接触的产物。以钢铁零件为例，其铁锈成分主要是 FeO、Fe_3O_4、Fe_2O_3 等，它们的存在能使腐蚀进一步发展。因此，在维修时必须除去。

1. 机械除锈

机械除锈是利用机械的摩擦、切削等作用去清除锈层。常用的方法有刷、磨、抛光、喷砂等，可依靠人力用钢丝刷、刮刀、砂布等刷、刮或打磨锈蚀层，也可用电动机或气动机作动力，带动各种除锈工具，清除锈层，如磨光、刷光、抛光和滚光等。磨光轮可用砂轮；刷光轮一般用钢丝、黄铜丝、青铜丝制成；抛光轮可用棉布或其他纤维织品制成。滚光是把零件装入滚筒内，利用零件与滚筒中磨料之间的摩擦作用除锈，磨料可用砂、碎玻璃等。机械除锈容易在工件表面留下刮痕，所以只宜用于不重要的表面。

2. 化学除锈

化学除锈是利用金属的氧化物容易在酸中溶解的性质，用一些酸性溶液清除锈层。使用的酸性溶液主要有硫酸、盐酸、磷酸或几种酸的混合溶液，并加入少量缓蚀剂。因为溶液属酸性，故又称酸洗。修理中广泛使用的有盐酸、硫酸和磷酸。

在酸洗过程中，除氧化物的溶解外，钢铁零件本身还会和酸作用，因此有铁的溶解与氢的产生和析出。而氢原子的体积非常小，易扩散到钢铁内部，造成相当大的内应力，从而使零件的韧性降低、脆性及硬度提高，这种现象称为"氢脆"。在酸液中加入石油磺酸钠或乌洛托品等缓蚀剂，能在纯洁的钢铁表面吸附成膜，阻止零件表面金属的再腐蚀，并防止氢的侵入。

（1）盐酸除锈。盐酸溶解锈的能力较强，可以在室温下进行。当零件锈层分布均匀时，将其放入 10% 浓度的盐酸中，锈层会很快消失或松散。同时很少有氢气冒出，说明盐酸与锈层的作用大于其对金属的腐蚀作用。只有当酸液较多，在大量铁锈被消除后，对金属的腐蚀才比较明显起来。因此当见到有大量气体冒出时，应及时将工件取出。由于盐酸对钢铁的腐蚀不强烈，除锈后的零件表面较为光洁。

除锈一般用浓度为 10% ～ 15% 的工业盐酸，温度在 30 ～ 40 ℃时较好，也可在室温下进行。

（2）硫酸除锈。硫酸除锈与盐酸相比，成本较低，但它在低温时溶解铁锈的能力较低，却对金属有较大的腐蚀作用。因此硫酸除锈要在 80 ℃左右进行，绝不可低于 60 ℃。稀硫酸对铁的腐蚀作用比盐酸大得多，而且随浓度的增大，腐蚀金属能力也迅速提升。因此使用硫酸的浓度应为 5% 左右，最高不得超过 10%。

由于硫酸对金属的腐蚀较为强烈，为了降低这一影响，可以在溶液中加入一定量的缓蚀剂。实践证明，在除锈的硫酸溶液中加入硫酸占比为 0.2% ～ 0.4% 的"54 牌"（天津染料厂生产）缓蚀剂，可以使腐蚀作用降低 88% ～ 95%。食盐也可作硫酸除锈的缓蚀剂，其用量为硫酸的 1/4 左右。

（3）磷酸除锈。磷酸除锈具有盐酸与硫酸所没有的优点。它不仅能除锈，而且能与金属形成一层良好的保护层，因而没有对金属的腐蚀作用。但磷酸除锈成本较高，只用于重要零件。磷酸除锈可以在浓度为 2% ～ 17%、温度 80 ℃的条件下进行。为了获得较好的保护层，待锈除去后再浸入浓度为 0.5% ～ 2%、温度不高于 40 ℃的磷酸中浸 1 h，取出（不经清洗）后直接放入加热炉中干燥，即可得到抗蚀能力较强的正磷酸铁保护层。

（四）清除旧漆

清除旧漆可以采用单独的溶剂，也可以采用各种溶剂的混合液，清除漆层的各种溶液（俗称退漆剂）分为有机退漆剂和碱性溶液退漆剂两种。

1. 有机退漆剂

有机退漆剂主要由溶剂、助溶剂、稀释剂、稠化剂等组成。溶剂有芳烃、氯化衍生烃、醇类、醚类和酮类等；助溶剂可用乙醇、正丁醇等；稀释剂可用甲苯、二甲苯、轻石油溶剂等。加入稠化剂是为了延缓活性组分的蒸发，常用石蜡、乙基纤维素作稠化剂。表 6-1-2 为常用有机退漆剂的配方。

表 6-1-2　常用有机退漆剂配方

成分	含量（重量，%）	
	配方一	配方二
二氯甲烷	83	70～80
甲酸	—	6～7
硝棉胶	—	5～6
石蜡	3	1.2～1.8
乙基纤维素	6	—
乙醇	8	8～10
甲苯	10	—
缓蚀剂	0.02	—

注：后两种成分未计算在百分比内。

表 6-1-2 中的退漆剂，有低分子溶剂（二氯甲烷）及表面活性剂（甲酸和乙醇），可使用退漆剂使漆膜快速扩散并使漆膜和底漆一起剥落，处理时间为 20～40 min，膨胀后用木板刮掉，再用稀释剂或汽油擦拭。

2. 碱性溶液退漆剂

碱性溶液退漆剂主要由溶剂、表面活性剂、缓蚀剂和稠化剂组成。

碱性溶液可使漆层软化或溶解。溶剂主要用苛性钠、磷酸三钠和碳酸钠；表面活性剂采用脂肪酸皂、松香水、烷基芳香基磺酸脂等；缓蚀剂用硅酸钠；稠化剂用滑石粉、胶淀粉、乙醇酸钠等。表 6-1-3 为常用碱性退漆溶剂的配方。

表 6-1-3　常用碱性退漆溶剂配方

成分	含量（重量，%）		
	配方一	配方二	配方三
磷酸氢二钠	8 g	—	—
磷酸三钠	6 g	—	—
碳酸钠	3 g	—	10%

成分	含量（重量，%）		
	配方一	配方二	配方三
软肥皂	0.5 g	—	—
水玻璃	3 g	—	—
水	1 L	—	—
苛性钠	5～10 g	5%～10%浓度的水溶液	77%
多醇	—	—	5%
甲酚钠	—	—	5%
表面活性物质	—	—	3%
温度	90～95 ℃	90～100 ℃	6%～15%上述混合物加 85～94 ℃的水，将此溶液加热至 93 ℃
时间	煮泡 1～5 h	20～30min	—
配制	上述物品逐次溶于水中搅拌均匀	—	—
退漆后的处理	取出零件后，用温水刷洗、烘干	零件在热水中洗刷，用水冲洗，室温下干燥	—

此外，对于服役在潮湿地区的工程机械，一方面必须及时进行除湿和驱潮，尽量减少由于潮湿气候导致的工程机械生锈；另一方面必须及时实施防锈工艺，消除因为生锈导致的工程机械故障。

在工程机械维护中，清洗已经广泛应用于工程机械零部件的维护中，包括金属零件、电子电气工程机械、光学设备等；还可为工程机械零部件后续的表面工程技术处理提供洁净的表面。

第二节　润滑技术

润滑技术是指在机械设备摩擦相对运动的表面加入润滑剂以降低摩擦阻力和能源消耗，减少表面磨损的技术。润滑工作是工程机械与器材维护管理工作中，极其重要的组成部分和关键环节。工程机械具有使用强度高、连续作业时间长、故障率高等特点。润滑及保养工作的质量不仅影响到工程机械的使用寿命，而且关系到工作的可靠性与技术性能。为了确保润滑的有效性，必须根据摩擦的工作条件，正确地选用润滑材料、润滑方式和润滑装置，并进行合理的维护保养。

一、基本原理

润滑是指在两相对运动机件的摩擦表面间，加入某种润滑介质（如润滑油、润滑脂、固体润滑剂等），形成一定厚度的润滑膜，从而把摩擦表面分隔开来，以减少摩擦与磨损。一般而言，润滑可起到减少摩擦与磨损、冲洗、冷却、减振、防锈和密封等的作用。这些作用是彼此依存、互相影响的。如果不能有效地减少摩擦与磨损，就会产生大量的摩擦热，造成摩擦表面及润滑介质的破坏，使其他作用丧失或降低。

根据摩擦表面间的润滑情况，润滑状态分为无润滑（干摩擦）、液体润滑（液体摩擦）、边界润滑（边界摩擦）等。

（一）无润滑

摩擦表面间没有任何润滑介质，称为无润滑；即两机件相对运动表面直接接触，处于干摩擦状态。干摩擦的磨损比较强烈。除制动系统外，一般是不允许无润滑的，但由于润滑系统的故障、润滑油脂的失效，工程机械工作时可能会出现无润滑状态。

（二）液体润滑

在摩擦表面间形成足够厚度和强度的润滑油膜，相对运动的摩擦表面被完全分隔开来，使原来两摩擦表面之间的"外摩擦"转变为润滑膜内部液体分子之间的"内摩擦"，完全改变了摩擦的性质，这种润滑被称为液体润滑。

从理论上讲，液体润滑没有磨损，是理想的润滑状态。但纯粹的液体润滑是不存在的，尤其在特殊工况（如启动、制动）时，液体润滑条件遭到严重破坏，存在着机件磨损，但与其他润滑状态相比磨损较小。

（三）边界润滑

摩擦表面存在一层很薄的油膜，油膜在静电引力和分子引力作用下牢固地吸附在金属表面，不能自由运动，厚度低于 $0.1\,\mu m$，是有润滑与无润滑的分界，所以称为边界润滑。

边界润滑时油膜（注意区别于液体润滑时的油膜）虽然极薄，但每平方厘米能承受数十千克的压力而不破坏，并使摩擦副的摩擦和磨损大为降低。液体润滑时如部分油膜遭到破坏，油膜被破坏的部位就会出现摩擦表面的直接接触，处于干摩擦或边界润滑状态。如果这时液体润滑仍占主要地位，则称为半液体润滑；如果油膜大部分遭到破坏，则称为半干润滑。

半液体润滑和半干润滑时，润滑油膜是不连续的，摩擦表面之间可能同时存在液体润滑、边界润滑和无润滑 3 种情况。摩擦因数和磨损速度在很大范围内变化，摩擦因数和磨损速度取决于润滑油膜被破坏的程度以及油膜恢复能力等。

在工程机械运转中，纯干摩擦通常是不允许的，而较多的是运用边界润滑、液体润滑来实现对零件的润滑。在某些特殊摩擦副中，也可采用固体润滑和气体润滑。

二、润滑材料

凡是能够在做相对运动的对偶表面间，起到减少摩擦与磨损的物质，均可称作润滑材料。润滑材料按其形态大致可以划分为以下四大类。

（1）液体润滑材料。这类材料主要是矿物油和各种植物油、乳化液和水等。近年来性能优异的合成润滑油发展很快，如硅酸、氟油、脂肪酸脂及合成烃等。

（2）塑性体及半流体润滑材料。这类材料主要是由矿物油及合成润滑油稠化而成的各种润滑脂和动物脂，以及近年来试制的半流体润滑脂等。

（3）固体润滑材料。如石墨、二硫化钼、二硫化钨、氮化硼及塑料基或金属基自润滑复合材料等。

（4）气体润滑材料。如气体轴承中使用的空气、氮气和二氧化碳等气体。

通常，生产厂家在产品说明书上都附有润滑保养规程，其中包括对润滑材料的使用规定。但是，当工程机械的使用环境与使用条件改变时，原规定的润滑材料就不一定适用了。随着科学技术的发展，特别是近年来摩擦学的研究和发展，新型的润滑材料不断涌现。这就要求我们及时掌握各种润滑材料的性能、选用和使用方法。

（一）润滑油

润滑油是最重要的一种润滑材料，占目前润滑剂总耗量的 90% 以上，其主要是利用石油中的高沸点物质经精炼制成的。润滑油的物理化学性能及主要质量指标如下。

1. 黏度

黏度是润滑油的一项很重要的指标，黏度反映了润滑油的稀稠程度。黏度越高流动性越差，不易渗入间隙较小的摩擦副中去，但也易在摩擦面中保持，因而油膜承载能力强。高黏度油的摩擦阻力大，油温易升高，供油功率损耗高。黏度低的润滑油与此相反。选用润滑油时，黏度是主要依据。

2. 润滑油的其他性能指标

（1）闪点。在规定条件下加热润滑油，当油蒸气与空气的混合气体与火焰接触时产生闪火现象的最低温度称为闪点。闪点是润滑油的重要安全指标，一般要求润滑油的工作温度低于闪点 20～30 ℃。

（2）凝点。润滑油在规定条件下冷却到失去流动性时的最高温度称为凝点。我国北方冬季，特别是安装在露天的设备，应注意选择凝点比环境温度低的润滑油。

（3）抗乳化性。润滑油与水接触并搅拌后，能迅速分离的能力称为抗乳化性。对工作在潮湿环境和可能有水进入的部位，选用润滑油时应考虑此项指标。

（4）抗氧化安定性。润滑油在使用和储存过程中，抵抗氧化变质的能力，称为抗氧化安定性。油受到氧化颜色会变深，黏度、酸值增大，并析出胶质沉淀，使油的润滑性能变坏。

（5）热氧化安定性。润滑油膜在较高的工作温度下易与空气中的氧化合生成胶质膜，使油迅速变质，这就是热氧化安定性。热氧化安定性反映了润滑油在高温下抑制胶质膜生成的能力。

（二）润滑脂

润滑脂是在基础油里加入一定的稠化剂，使油液稠化成具有塑性的膏状物。它兼有液体和固体润滑剂的优点。在常温和静止条件下，润滑脂粘附在摩擦表面像固体一样不流动；而在温度升高或运动状态下，热或机械作用使润滑脂变稀，可像液体一样润滑摩擦表面，当热和机械作用消失后，又逐渐恢复到一定的稠度。

基础油多为石油润滑油或合成润滑油。在较低温度及较低负荷条件下，用较低黏度的润滑油作基础油；在较高温度及较高负荷条件下，用较高黏度的石油润滑油或合成润滑油作基础油。稠化剂包括各种金属的脂肪酸皂、地腊、膨润土、硅胶和某些新型合成材料，不过，用得最多的还是各种脂肪酸金属皂。

与润滑油润滑相比，使用润滑脂润滑的主要优点如下。

（1）黏附性好，不易流失或飞溅，不会产生漏油现象。

（2）可起到密封作用，防止尘土等进入摩擦面。

（3）比润滑油的减振性强，可减少噪声和振动。

1. 润滑脂的主要物理化学性能

（1）锥入度。锥入度是用来表示润滑脂"硬度"的一种指标。它是用质量为150 g的标准圆锥体在5 s内沉入25 ℃的润滑脂试样中的深度来测定的。锥入度越大，则润滑脂越"软"，反之越"硬"。较软的润滑脂，流动性好，但易从摩擦表面流出，而硬的润滑脂不易进入充满摩擦的表面，同时因其内摩擦阻力较大，会增加运动时的动力消耗。因此，锥入度的数值是选用润滑脂的一项重要指标。

（2）滴点。滴点是润滑脂的抗热指标。其测定方法是将润滑脂装在试管中，在规定的加热条件下，测定开始滴下第一滴油时的温度。在选择润滑脂时，必须使润滑脂的滴点比工作机件的实际温度高20～30 ℃，最低也应高出10 ℃。

（3）稠化剂。润滑脂采用不同的稠化剂，则具有不同的性能。如采用钠皂作稠化剂制成的钠基润滑脂，高温熔化后仍不失其润滑性，但不耐水。钙基润滑脂耐水性好，但不耐高温；而钙钠基润滑脂具有二者的优点。在润滑脂中若稠化剂含量多，则锥入度小，熔点高。

润滑脂的其他性能指标还有水分、抗水性、安定性和抗磨性等，使用时应根据环境情况加以选用。

2. 常用润滑脂的牌号、性能和应用

常用润滑脂的牌号、性能和应用见表6-2-1。

表6-2-1 常用润滑脂的牌号、性能和应用

名称	牌号	锥入度（25 ℃）	滴点/℃	使用温度/℃	主要用途
钙基润滑脂	ZG-1	310～340	≥80	≤55	用于轻载小型机械
	ZG-2	265～295	≥85	≤55	用于轻载中小型滚动轴承或高速机械
	ZG-3	220～250	≥90	≤60	用于中型电机轴承或中等转速与负荷轴承机械
	ZG-4	175～205	≥95	≤60	用于重载低速滚动轴承与机械
钠基润滑脂	ZN-2	265～295	≥140	≤110	用于有水分环境、高温工作的各类电机轴承和机械
	ZN-3	220～250	≥140	≤110	
	ZN-4	175～205	≥150	≤120	

名称	牌号	锥入度 (25 ℃)	滴点 /℃	使用温度 /℃	主要用途
锂基 润滑脂	ZN-1	310 ～ 340	≥ 170	≤ 120	通用润滑脂，适用于温度范围在 −20 ～ +120 ℃的各种机械设备与轴承
	ZN-2	265 ～ 295	≥ 175		
	ZN-3	220 ～ 250	≥ 180		
铝基 润滑脂		230 ～ 280	≥ 75	≤ 50	用于航运机械的润滑与防腐

（三）润滑油脂添加剂

为改善润滑油脂的某些性能要求，常在润滑油脂中添加某些物质，这些物质叫作添加剂。

添加剂不能单独使用，一般只占基础油脂的很少数量（0.01% ～ 5%）。添加剂的基础油脂种类不同，其效果也不同。

1. 油性添加剂

油性添加剂是一种极性很强的物质，能在金属表面形成牢固的吸附膜，从而减少磨损。

在低速及中等以上负荷时，各种摩擦副的摩擦表面不易形成油膜。在启动、制动及载荷变化时，油膜常遭到破坏；在润滑油脂中加入油性添加剂后，可提升润滑油脂的吸附和楔入能力，保证边界油膜的强度。油性添加剂常用于精密机床及其重要部位。一般适用于中等负荷及摩擦表面温度在 200 ℃以下的情况，高温时油性添加剂将分解失效。

常用油性添加剂有猪油、鲸鱼油、油酸和三甲酚磷酸酯等。

2. 耐极压及抗磨添加剂

含硫、磷、氯等活性元素的化合物在较高温度条件下，可以在金属表面生成化学反应膜，起到润滑作用。但是，这种反应是不可逆的，对金属有腐蚀作用，随使用时间的增长，油中的耐极压及抗磨添加剂含量减少，润滑性能下降，有时需要定期添加。耐极压及抗磨添加剂主要有硫化鲸鱼油、二甲基苯磷酯、氯化石蜡、二烷基二硫代磷酸锌等。

3. 抗泡沫添加剂

在循环润滑系统中，润滑油中的泡沫会使供油中断导致不正常磨损，甚至事故。因此需加入抗泡沫添加剂（如二甲基硅油或苯甲基硅油）以消除气泡。

加入量一般为 0.0001% ～ 0.001%，加入前先用煤油稀释，然后再加入润滑油中搅匀。

添加剂种类繁多，主要有黏度指数改进剂、抗氧化添加剂、防锈添加剂、抗乳化剂、抗凝剂（降低凝点）和清净分散剂（抑制润滑油漆膜生成和防止金属表面积垢）等。

三、工程机械中油脂的使用

在工程机械中，要按照规定要求合理选用润滑油，并定期加注或更换润滑油，以保持工程机械各运动零件间的良好润滑，减少零件磨损，保证工程机械正常工作。润滑是减少磨损的唯一方法，是保养中极为重要的一项内容，必须引起重视。做好润滑工作应注意以下几点。

（一）品种要求

各部机件使用的润滑油，都是由它的工作情况决定的，不能随意代替。

（二）用量适当

机械各总成加注的润滑油，其油面高度都有规定，加注量少了，就不能保证润滑，会加速机件的磨损，甚至会出现事故磨损；加注量多了，会增大运转阻力，消耗发动机动力，还会造成漏油。

（三）及时添换

机械各总成内的润滑油，在运转中都有消耗。如发动机润滑油少量进入燃烧室烧掉和蒸发掉，或局部渗漏；齿轮油滴漏消耗，润滑脂挤出变质等。这些都需要在日常保养和定期维护保养中检查加添或加注。如错过时机，就有可能造成润滑不良的磨损事故。

第三节　表面涂装技术

涂料是一种有机高分子胶体混合物的溶液或粉末，将其涂装在物体表面干结后，可形成一层牢固而坚韧的薄膜，这种薄膜就是通常所称的涂层。将涂料按工艺要求涂敷于机件表面并形成涂层的过程称为涂装。

在工程机械中，需进行表面涂装的零件占主导地位。涂层性能好坏，不仅关系到工程机械的美观，而且涉及被涂装零件的某些性能，如防腐性。因涂层一般较薄，强度较低，在工程机械的使用维修过程中，必须注意对涂层的保护和正确修复。

一、涂料常识

（一）涂料的组成

涂料一般由挥发分（稀释剂）和不挥发分（固体分）两部分组成。将其涂布在物体表面后，挥发分逸去，而不挥发分干燥成膜。

成膜物质是形成涂膜的主要物质，是决定涂层性质的主要因素。成膜物质又可分为主要成膜物质、次要成膜物质和辅助成膜物质。涂料的组成与原料见表6-3-1。

表 6-3-1　涂料的组成与原料

组成		原料
主要成膜物质	油料	动物油，包括鲨鱼肝油、带角油、牛油等； 植物油，包括干性油——桐、亚麻油、梓油等， 半干油——豆油、向日葵油、棉籽油等， 不干油——蓖麻油、椰子油、花生油等
	树脂	天然树脂，包括虫胶、松香、天然沥青等； 合成树脂，包括酚醛、醇酸、丙烯酸、聚氨酸、硝基、氨基、环氧、有机硅等； 人造树脂，包括松香衍生物、纤维衍生物等
次要成膜物质	颜料	无机颜料，包括钛白、氧化锌、铬黄、铁蓝、氧化铁红、碳黑等； 有机颜料，包括甲苯胺红、酞菁蓝、苯胺黑等； 防锈颜料，包括红丹、锌铬黄、偏酸钡等
	体质颜料	包括滑石粉、碳酸钙、硫酸钡等
辅助成膜物质	助剂	包括增塑剂、催干剂、固化剂、稳定剂、防霉剂、防污剂、乳化剂、润湿剂等

1. 主要成膜物质

使涂料黏附在物体表面并形成涂膜的主要物质，是构成涂料的基础，常称为基料、漆料或漆基，主要成膜物质可以单独成膜，也可以起到黏结次要成膜物质的作用。主要成膜物质主要有油料或树脂两大类，以油料为主的涂料称为油性涂料（油性漆）；以树脂为主要成膜物质的涂料称为树脂涂料（树脂漆）。

2. 次要成膜物质

次要成膜物质一般不能单独成膜，主要成分是颜料。

3. 辅助成膜物质

辅助成膜物质也称为助剂，包括稀料和辅助材料两大类。辅助成膜物质不是涂膜的主体，也不能单独成膜，只是对涂膜的形成和性能有一定的辅助作用。

（二）涂料的作用

因历史上涂料多采用桐油等植物油为原料，故涂料也被称为油漆。随着化学工业的发展，各种人工合成或改性的涂料已占据涂料产品的主导地位，性能远远高于传统的涂料。

为适应环境保护的需求，目前涂料生产已逐步向低污染化发展；同时采用先进的涂装工艺，如静电喷涂、电泳喷涂等新工艺，大幅度降低了涂装工艺所造成的污染问题。

因为涂料成本低廉、资源丰富、施工简便，因此相当数量的产品（尤其是金属产品）多采用涂装工艺。涂装工艺之所以应用广泛还因为涂层可起到以下作用。

1. 保护作用

涂层可以有效地隔离机件与外界介质的接触，如光、空气、水分。因此可起到保护物面、防止腐蚀、延长机件使用寿命的目的。

2. 装饰作用

利用色彩的调和，去装饰与美化环境。

3. 标志作用

由于涂料可使物面改变原有颜色，不同颜色可以给人不同感觉，因此可将不同颜色作为标记涂于物面，起到指示或警示作用。如道路交通标志中的红、绿、黄等不同颜色，可分别起到不同的指示作用。

4. 特殊功能

由于特殊的涂层可起到防震、隔声、隔热、伪装、绝缘甚至导磁、导电等特殊作用，因此可以满足特定的需要。

（三）涂料的分类与编号

目前市场上的涂料品种多达上千种，并且随着科学技术的进步，涂料品种呈多样化趋势，因此有必要规范涂料的分类和命名方法。我国主要以成膜物质为基础进行分类。

123

目前社会上涂料分类方法较多，但最为常用的有以下几种。

1. 根据主要成膜物质分类

以涂料中主要成膜物质为基础进行分类，可以把涂料分为18类，见表6-3-2。

表 6-3-2　涂料的分类

序号	代号	类别	主要成膜物质
1	Y	油脂涂料	天然植物油、清油、合成油
2	T	天然树脂涂料	松香及其衍生物、虫胶、乳酪素、动物胶、大漆及其衍生物
3	F	酚醛树脂涂料	酚醛树脂、改性酚醛树脂
4	I	沥青涂料	天然沥青、石油沥青、煤焦沥青
5	C	醇酸树脂涂料	甘油醇酸树脂、季戊四醇醇酸树脂，其他改性醇酸树脂
6	A	氨基树脂涂料	尿酸树脂、三聚氰胺、甲醛树脂、聚酰亚胺树脂
7	Q	硝基涂料	硝基纤维素
8	M	纤维素涂料	乙基纤维、羟甲基纤维、醋酸纤维、醋酸丁酸纤维
9	G	过氯乙烯涂料	过氯乙烯树脂、改性过氯乙烯树脂
10	X	乙烯涂料	氯乙烯共聚树脂、聚乙烯醇、缩醛树脂、聚二乙烯乙方炔树脂
11	B	丙烯酸涂料	丙烯酸树脂、丙烯酸共聚物及其改性树脂
12	Z	聚酯涂料	饱和聚酯树脂、不饱和聚酯树脂
13	H	环氧树脂涂料	环氧树脂、改性环氧树脂
14	S	聚氨酯涂料	聚氨基甲酸酯
15	W	元素有机涂料	有机硅、有机钛、有机铝等元素有机聚合物
16	J	橡胶涂料	天然橡胶及其衍生物、合成橡胶及其衍生物
17	E	其他涂料	未包括以上的其他成膜物质
18		辅助材料	稀释剂、防潮剂、催干剂、脱漆剂、固化剂

2. 根据组成形态分类

（1）根据成膜物质的分散形态分为无溶剂型涂料、溶剂型涂料、分散型涂料、水乳胶型涂料和粉末涂料。

（2）根据是否含有颜料分为清漆（不含颜料）、磁漆（含颜料有色不透明溶液型）和厚漆（含颜料有色不透明无溶液型）、腻子（含体质颜料的浆体）。

3. 根据成膜干燥机理分类

（1）挥发干燥型涂料，也称热塑性涂料，一般多用自然干燥型涂料。

（2）固化干燥型涂料，包括气干型、触媒固化型、烘烤型、多组分型及辐射固化型涂料。

4. 根据成膜物质类别分类

可将涂料分为大漆、天然树脂漆、沥青涂料、水性涂料、油性涂料、纤维涂料和合成树脂涂料。

5. 根据施工方法分类

可将涂料分为刷漆、喷漆、烘漆、电泳漆和粉末涂装漆等。

6. 根据涂料作用分类

可将涂料分为绝缘漆、防腐漆、防锈漆等。防锈漆又分为黑色金属与有色金属用防锈漆两类。

根据我国具体情况，涂料命名依照以下原则进行：涂料全名＝颜色（或颜料名称）＋成膜物质名称＋基本名称，如红醇酸磁漆、锌黄酚醛防锈漆。必要时在成膜物质后面加以说明，如白硝基外用磁漆、醇酸导电磁漆。

涂料基本名称与代号见表 6-3-3。

表 6-3-3　涂料基本名称与代号

代号	基本名称	代号	基本名称	代号	基本名称	代号	基本名称
00	清油	14	透明漆	40	防污、防蛆漆	63	涂布漆
01	清漆	15	斑纹漆	41	水线漆	64	可剥漆
02	厚漆	20	铅笔漆	42	夹板漆	66	感光涂料
03	调和漆	22	木器漆	43	船壳漆	67	隔热涂料
04	磁漆	23	罐头漆	44	船底漆	80	地板漆
05	烘漆	30	绝缘浸漆	50	耐酸漆	81	渔网漆
06	底漆	31	绝缘覆盖漆	51	耐碱漆	82	锅炉漆
07	腻子	32	绝缘磁、烘漆	52	防腐漆	83	烟囱漆
08	水胶漆	33	绝缘黏合漆	53	防锈漆	84	黑板漆
09	大漆	34	漆包线漆	54	耐油漆	85	调色漆
10	锤纹漆	35	硅钢片漆	55	耐水漆	86	标志漆

代号	基本名称	代号	基本名称	代号	基本名称	代号	基本名称
11	电泳漆	36	电容器漆	60	耐火漆		马路划线漆
12	裂纹漆	37	电阻漆	61	耐热漆	98	胶液
13	其他水溶漆	38	半导体漆	62	耐高温漆	99	其他

（四）常用涂料的性能特点

虽然涂料种类繁多，但在工程机械生产与维修活动中应用最为广泛的有硝基涂料、醇酸树脂涂料、酚醛树脂涂料、过氯乙烯涂料。

1. 硝基涂料

硝基涂料是以硝化棉为基础，加入各类添加剂后形成的快干型涂料。其特点是涂膜薄而强度高，透气性好，干燥快，耐磨、耐热、耐候、耐水和耐酸碱性都较好；但在潮湿环境下易泛白，干燥快而流平性差，不便刷涂。硝基涂料一般只做面漆使用。

2. 醇酸树脂涂料

醇酸树脂涂料以醇酸树脂为基础，其性能优异且品种多。该涂料与其他树脂混溶性好，可与其他树脂涂料混合使用以提高性能，常温干燥、光亮、柔韧、附着力强、耐久、不易老化，综合性能较好。该涂料可制成底漆、防锈漆、面漆、清漆和绝缘漆；但一般常温下干透慢，耐水、耐碱性差。

3. 酚醛树脂涂料

酚醛树脂涂料主要有改性醇酸树脂涂料和纯酚醛树脂涂料。改性醇酸树脂涂料可制成多色磁漆，涂膜坚韧，但因老化易变黄，因此不宜作浅色磁漆。但比脂胶涂料具有更好的干性、耐水与耐久性，而耐候性不如醇酸涂料，价格低廉。纯酚醛树脂涂料与一些油脂混溶后，耐水、耐候、耐腐蚀性提高。酚醛涂料可制成磁漆、底漆、清漆和电泳漆。

4. 过氯乙烯涂料

过氯乙烯涂料以过氯乙烯为基础，并用合成树脂改性。该涂料具有良好的化学和大气稳定性，耐汽油、酒精及盐水。按规定比例调配的过氯乙烯涂料具有良好的防火性能。其缺点是附着性差，易脱落，涂抹的光泽性与抛光性也较差。该涂料可作清漆、底漆、磁漆使用。

二、一般要求

（一）涂料颜色选用

一般情况下，对于工程机械及其配套元器件涂料颜色的选用，均有一定的技术要求，在维修工作中应严格遵守。对于不同地域环境应用的同类工程机械因环境差异，涂料颜色选用也有一定的差异，一般应遵守以下原则。

（1）安装于工程机械内部的配套总成一般应保持原色，目前多选用浅灰、淡蓝或苹果绿。

（2）已进行表面防腐处理（如电镀、发蓝、磷化）的零件一般应保持原色，如表面出现腐蚀现象可打磨后涂装清漆，一般不涂装有色漆。

（3）特殊用途的工程机械外表必须符合伪装要求，与使用环境相协调，一般应涂装无光伪装色醇酸（或硝基）磁漆。

（4）对于危险部位（如高速旋转件）或操作有严格规定的部位一般应涂装大红磁漆。

（5）对于承受高温的器件（如风冷汽油机排气管、消音器等）一般应涂装银粉漆。

（6）对于车辆底盘一般应涂装黑漆。

（二）表面涂层质量

对于涂层质量的评定，目前难以制定科学规范的评定标准，测试项目、方法也较为复杂。但一般要求涂层具有优良的耐候性和机械性能，如要求涂层均匀、平整，不允许存在露底或漏涂、麻点、针孔、皱纹、流柱、起泡等直观缺陷；涂层总厚度一般不小于 50 μm。在水中或盐水中按规定时间浸泡，外表不应起泡或出现锈蚀。

特殊用途（如隔热、耐酸或绝缘）的涂料具有特殊性能要求，检验要求与方法各有规定，在此不一一列举。

三、涂装工艺

涂装工艺根据被涂装机件表面性质、使用环境、涂层和施工条件等的不同而有所区别。一般要经过表面处理（如除锈、除油）、底漆涂装（如防腐、绝缘）、外部精确整形（如腻子修补）、过渡层涂装和面漆涂装几个过程，具体施工方法可根据所处条件与经济性等综合考虑后确定，施工工艺也较为复杂，难以一概而论。

（一）表面处理

表面处理是涂装工艺中的重要环节，直接关系到涂层质量。表面处理的目的是清除被涂装件表面的附着物（如尘土、陈旧涂层、油脂和锈层），使被涂装件表面粗化，最终使涂层与被涂装件能够牢固结合，达到规定的结合强度要求。表面处理的要求与方法，在施工中应根据被涂装件用途、工作环境、性能要求以及涂料品种、施工方法等确定。一般表面处理时应彻底清洁表面（除油、除锈等），如有必要可进行氧化、磷化、钝化等工艺处理。

除油处理包括物理机械法（如擦拭、喷射、超声清洗）和化学法（如燃烧、溶剂脱脂、碱液脱脂、乳剂脱脂、电解脱脂）。除锈处理也包括物理机械法（如喷砂、喷丸、打磨）和化学法（酸洗、电解酸洗、碱洗）。陈旧涂层如有必要（如过厚、起层等）可予以清除，常用的方法有物理机械法、化学法（利用退漆剂）、火焰法、溶剂法。氧化或磷化处理应根据材料的不同而有所区别，如对铝及其合金可进行化学氧化、阳极氧化，对锌及其合金可使用磷酸法、铬酸法，对钢铁零件可使用磷酸法、铬酸法和硝酸法。

（二）涂装工艺方法

涂装工艺方法很多，施工中应根据实际情况选用，如被涂装机件的材质、结构、体积，经济性、便捷性，涂料性质，涂层要求和施工条件。最为常用的涂装工艺有：喷涂、电泳涂装、粉末涂装和刷漆等。

1. 喷涂

喷涂是目前应用最为广泛的涂装方法，主要包括气压喷涂、高压无气喷涂及静电喷涂几种方法。

气压喷涂是利用高压（一般为 0.21 ~ 0.8 MPa）空气产生的高速气流将涂料溶液喷射成为雾状后，附着在被涂装件的表面，形成厚度均匀、光滑平整的涂层，特点是效率较高、适应性强，但每次喷涂涂层较薄。气压喷涂主要应用设备为空气压缩机、喷枪和油水分离器，因这些设备工艺简单、运用灵活，目前在维修工作中获得广泛的应用。但气压喷涂涂料利用率低、污染严重、效率低，因此施工人员技术水平决定了涂层的质量。

高压无气喷涂是将涂料加压至 10 ~ 15 MPa 后，让其从喷嘴喷出，遇大气急剧膨胀形成雾状后附着在被涂装机件表面上。其特点是效率高、节省涂料、涂层较厚，可有效降低污染，减少涂层因与气、水等接触引起的缺陷。

静电喷涂是利用高压电场将涂料粉碎并使其带电，被粉碎的涂料在电场力的作用下吸附在被涂装机件表面（安装有异性电极）。其特点是飞溅损失大幅度降低，环保节约，提高了效率和涂层质量。

2. 电泳涂装

电泳涂装是将被涂装机件作为某一电极，用其他导电材料作对应电极，二者共同放入水溶性树脂制成的电泳涂料中，通电后，在被涂装机件表面产生电泳、电沉积、电渗及电解变化，这样涂料就在被涂装机件表面沉积而形成均匀平整的涂层。

这种方法对零件内层、凹陷、焊缝等均具有良好的涂装效果；涂料利用率高（可达 95%）；便于实现机械化，可大批量生产。其缺点是设备复杂、投资较高，需对废液进行净化处理。

3. 粉末涂装

粉末涂装（俗称喷塑）是近年发展起来的一种新工艺。每次涂装厚度可达 100 μm，因此简化了施工工艺，缩短了生产周期，从而降低了生产成本，并提高了生产效率。粉末涂装工艺过程为：表面处理—蔽复（遮蔽不涂装部分）—预热被涂装机件—喷涂—烘焙。喷涂多采用静电喷涂。涂料主要有热固性粉末涂料和热塑性粉末涂料两大类，热固性粉末涂料有环氧粉末、聚酯粉末、丙烯酸粉末；热塑性粉末涂料包括聚氯乙烯、聚乙烯、聚丙烯、尼龙等。施工时可依据涂料性能及涂层质量要求进行选择。

4. 刷涂

刷涂是最简单易行的涂装方法，操作灵活，设备投资少，应用范围广。其缺点是装饰性差，生产效率低。刷涂适用于小批量生产或修补。最常用的刷涂涂料有醇酸、油性涂料、酚醛涂料，尤其油性涂料最常用。

四、注意事项

由于涂料中多含有对环境与人体有害的物质，在施工中易引起人身伤害与环境污染，同时涂料多是易燃品，易引起火灾、爆炸等恶性事故。涂装过程中工艺不当会导致涂层性能下降，甚至使机件过早失效。因此在涂装作业时应做好防护工作，尤其是安全防护工作。

（一）防毒

施工人员长期呼吸含有涂料的空气，或皮肤直接接触涂料，会对神经系统产生刺激甚至破坏作用，甚至发展成为慢性中毒。因此施工场所必须配备防毒、通风、除尘设备，以降低有害气体浓度；施工人员必须穿戴防护衣、手套、防毒口罩、面具、眼镜及鞋帽等。

有些涂料（如红丹、铅铬黄）具有一定的毒性，易引发慢性或急性中毒，因此尽量避免喷涂施工，严防涂料吸入和避免皮肤接触，以保证安全。如施工中皮肤沾染涂料，可先用肥皂、去污粉和松香水擦洗，再用清水冲洗，绝对要避免用含苯溶剂清洗。工作完毕应洗澡，更换衣物，并将口罩消毒。

（二）防火

涂料多为易燃品，涂料施工与储存时，必须遵守相应的规章制度，以防火灾。施工与储存场所必须配备必要的防火设备，如灭火机、灭火器、灭火弹、砂箱和石棉毡等。现场工作人员必须会使用防火设备，掌握各种灭火方法。

必须将大部分易燃涂料存放于仓库的安全区内，减少施工现场的涂料数量；操作时应避免金属件的磕碰摩擦，以防产生电火花；用电设备必须采用防爆装置，并指定人员管理与及时维修，以防触电或产生电火花；对于擦拭涂料后的擦拭布等应集中处理，不得随意抛掷。

涂装现场与涂料存放场所严禁烟火，不准携带任何火种入内。

（三）其他防护

（1）对于空气压缩机的储气罐等承受高压的设备，应定期进行高压检验并进行维护保养，同时注意检查、维护保养油水分离器、安全阀等相关设备。

（2）高空作业时必须做好防滑工作，系好安全带，戴好安全帽。

（3）对于涂装所使用的各种设备，必须保证其安全性，防止出现机械损伤和触电事故。

（4）施工中应遵守各项安全规定，按规定操作施工。

（5）涂装机件尤其是底面时，必须保证机件支撑可靠。

（6）长期从事涂装作业的人员应做好医疗保健，定期体检。

（7）在保证施工人员安全健康的同时，还应与环保部门积极配合做好环境保护工作。

第四节　充放电技术

充放电技术是指二次电池（又称蓄电池）补充和释放电能采用的技术。充电是恢复蓄电池容量和延长电池使用寿命的重要环节。充电一般分为恒流充电和恒压充电两种；根据使用和维护的不同需要，又可分为初充电、正常充电、均衡充电、快速充电等。通常在充电间采用恒定电流对蓄电池进行补充充电，对新蓄电池进行初次充电。

电池的人工负荷放电主要分为恒流放电和恒阻放电两种。恒流放电是指放电过程中保持电流为一定值，放电至终止电压，同时记录电压随时间的变化。恒阻放电是指放电过程中保持负荷电阻为一定值，放电至终止电压，并记录电压随时间的变化。

一、蓄电池的充电方法

蓄电池的充电方法主要有定流充电法、定压充电法和脉冲快速充电法。

（一）定流充电法

定流充电法是在充电过程中，保持充电电流始终恒定不变的充电方法。充电过程分为两个阶段，每个阶段都保持有恒定的充电电流。第一阶段充电电流值一般为额定容量值的 10% ～ 15%；当单格电池电压上升到 2.4 V 左右、电解液开始冒气泡时，再将充电电流减小一半转入第二阶段充电，直到完全充足为止，即电解液大量冒气泡、电解液密度和端电压达到最大值且在 2 ～ 3 h 不变。

采用该方法充电，可将蓄电池串联在一起充，充电时每个单格需要 2.75 V 电压，串联的蓄电池容量最好相同，否则充电电流必须以容量最小的来确定，待其充足后取下，再继续充容量大的蓄电池。

定流充电法的优点是充电电流的大小可以根据被充蓄电池的不同容量加以控制，充电过程符合电化学反应要求，有利于保持蓄电池的技术性能和延长其使用寿命。该充电方法适用于新电池的初充电、使用中蓄电池的补充充电以及去硫化充电等情况。其缺点是充电时间长并且需要经常调节充电电流。

（二）定压充电法

在充电过程中，充电电压始终保持恒定不变的充电方法叫作定压充电法，如图 6-4-1 所示。工程机械中的蓄电池采用的就是这种充电方法，通常保持充电电压为单格电池（2.4±0.05）V。定压充电法的优点是充电时间短，且充电过程中不需专人照管。定压充电开始时充电电流较大，所以充电较快，一般只需 4 ～ 5 h 就能使蓄电池获得 90% ～ 95% 的充电量。并且由于充电电压不变，随着充电的进行，蓄电池电动势增高，使充电电流逐渐减小至零，自动停止充电。其缺点是不能调节充电电流的大小，不能确保蓄电池完全充满电，也不适于对蓄电池的初充电和去硫化充电。

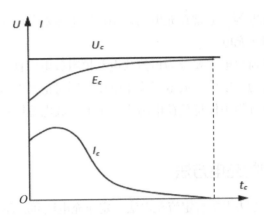

图 6-4-1　定压充电特性曲线

定压充电需要正确选择好充电电压。若充电电压过高,不仅会使初期充电电流过大,易造成蓄电池过充电,还会使电解液温度过高,活性物质脱落。所以充电电压通常按每单格电池应与充电机并联。

(三)脉冲快速充电法

脉冲快速充电法是在大电流充电中,进行短暂的停充,在停充中加入放电(或反充电)的方法。

脉冲快速充电法必须用脉冲快速充电机进行。充电初期,先用较大的电流(相当于蓄电池额定容量的 0.8 ~ 1 倍)进行定流充电,使蓄电池在较短的时间内充到额定容量的 50% ~ 60%,当蓄电池单格电池的电压升至 2.4 V、开始冒气泡时,由充电机的控制电路自动控制,开始进行脉冲充电,即先停止充电若干毫秒(一般为 25 ms,称为前停充),然后再放电或反充电,使蓄电池反向流过一个较大的脉冲电流(脉冲深度一般为充电电流的 1.5 ~ 3 倍,脉冲宽度为 150 ~ 1000 μs),接着再停止充电约 40 ms(称为后停充),以后的过程为正脉冲充电—前停冲—负脉冲瞬间放电—后停充—正脉冲充电,此过程往复循环,直至蓄电池充足电为止。

脉冲快速充电的优点是可使充电时间大大缩短(新蓄电池初充电仅需 5 h,补充充电只需 1 h 左右),又能节省电能。其缺点是对蓄电池的使用寿命有一定的影响,并且由于脉冲快速充电机控制电路复杂,价格较贵,维修也较困难,因此该种充电方法适用于电池集中、充电频繁、要求应急情况的场合。

二、蓄电池的充电工艺

根据蓄电池不同的技术状况，蓄电池的充电工艺可以分为初充电、补充充电和去硫化充电 3 种。对新电池或更换极板后的蓄电池进行的首次充电，称为初充电。蓄电池使用后的各次充电，称为补充充电。消除硫化的充电工艺称为去硫化充电。

（一）蓄电池的初充电

新蓄电池或大修后的蓄电池，在使用前进行的首次充电称为初充电。其目的在于消除极板表面上的硫酸铅，增强活性物质的多孔性，保证蓄电池能输出额定容量。蓄电池的初充电步骤和方法如下。

1. 配置电解液

按制造厂的规定和本地区的气温条件，选择并加入一定密度的电解液（电解液加入前温度不得超过 30 ℃），液面应高出极板 10 ~ 15 mm（封闭蓄电池液面高度在上下刻线之间），加注后一般应静置 6 ~ 8 h，目的是使电解液向极板和隔板内部渗透，并散发出化学反应所产生的热量。一般在电解液温度低于 25 ℃时才能进行充电。

2. 连接蓄电池组

按充电设备的额定电压和额定电流将被充蓄电池按一定形式连接起来。由于串联蓄电池的总电压不能大于充电设备的额定电压，当充电设备的额定电压不能满足蓄电池的要求而额定电流大大超过蓄电池要求的充电电流时，可把被充电的蓄电池并联起来。当蓄电池的容量相差较大时，可采用混联的方法连接。

3. 选择充电电流

定电流充电的充电电流是根据蓄电池容量来选择的，一般为两个阶段。第一阶段的充电电流为额定容量的 1/10，充电中，当蓄电池单格电压充到 2.4 V 时（充电时间为 25 ~ 35 h），为了防止气泡剧烈产生并急速从极板孔隙内冲出，使孔隙边缘的活性物质冲掉，使容量降低，应将充电电流减半，进入第二阶段充电。第二阶段的充电电流为额定容量的 1/16.5，充至充足电（第二阶段的充电时间为 20 ~ 30 h）。全部充电时间为 45 ~ 60 h。

在充电过程中应每隔 2 ~ 3 h 测量一次电解液温度、密度和电压，并做好记录。如电解液温度超过 40 ℃，应将电流减半；如温度超过 45 ℃，应停止充电，待温度降至 35 ℃以下时再继续充电。

4. 调整电解液密度

充电后电解液密度应符合蓄电池的要求，如不符合规定，则应用蒸馏水或密度为 1.40 g/cm³ 的稀硫酸进行调整。调整后，再用小电流继续充电 1～2 h，使电解液充分混合。然后再进行测量和校正，直至符合规定为止。

5. 充放电循环

新蓄电池经过初充电后是否达到了蓄电池的额定容量，一般要进行循环充放电检查。方法为：使充足电后的蓄电池休息 1～2 h，以蓄电池额定容量 1/20 的电流连续放电。放电中，每隔 2 h 测量一次单格电压，当单格电压降至 1.8 V 时，每隔 20 min 测一次电压，当单格电压降到 1.75 V 时，应立即停止放电。如容量达不到 90% 以上额定容量，还须进行第二次充电（充电电流第一阶段为额定电流的 1/10，第二阶段减半），蓄电池充足电后再进行第二次放电，当蓄电池容量超过 90% 的额定容量时，再进行最后一次补充充电。

（二）蓄电池的补充充电

蓄电池使用后的充电称为补充充电。蓄电池在使用过程中，如果发现启动机旋转无力、灯光比平时暗淡，冬季放电超过 25%、夏季放电超过 50%，必须及时进行补充充电。另外，由于工程机械中使用的蓄电池采用的是定电压充电，不可能使蓄电池充足电，为了有效防止硫化，最好每隔 2～3 个月进行一次补充充电。

1. 充电前的准备工作

（1）清除蓄电池表面的污垢和极柱上的氧化物。

（2）用负荷电压叉测量各单格电池的电压，以检查极板内部是否有短路和硫化。

（3）打开注液口盖，检查各单格电池的比重和温度，判断蓄电池的放电程度（比重降低 0.01，相当于放出额定容量的 6%）。把检查结果记入登记簿中，将放电程度相近的编为一组，进行充电。

（4）检查电解液液面高度，如低于 15 mm，应灌注蒸馏水（不能灌注电解液）。

（5）根据蓄电池放电程度分类编组，采用适当的连接方式接好电池的充电导线。

2. 充电中的工作

（1）按充电机的操作规程启动充电机。

（2）调整电源的充电电压和充电电流。所需充电电压可按每个单格电池 2.4 V 估算，充电电流和充电时间按表 6-4-1 要求进行调整。此表中第一阶段充电是指开始产生气泡之前，即单格电池电压在 2.35～2.4 V。当大多数电池已开始产生较多气泡，即大多数单格电池电压在 2.35～2.4 V 时，应转入第二阶段充电。

表 6-4-1　补充充电时间表

第一阶段充电			第二阶段充电		
电流 /A	单格电压 /V	时间 /h	电流 /A	单格电压 /V	时间 /h
16	2.35～2.40	6～8	8	2.60～2.80	10 左右

（3）测量蓄电池电压、电解液比重和温度。在第一阶段可每隔 2 h 测量一次，第二阶段每隔 1 h 测量一次。如果连续检查 3 次，蓄电池的电压和比重都没有变化，并有大量气泡冒出，则说明已充足电。充电过程中电解液的温度不能超过 45 ℃，否则应减小充电电流（用第二阶段充电电流）。如果温度继续升高，则应停止充电，让温度降低到 35 ℃以下再进行充电。

（4）调整电解液比重和液面高度。当充电快要结束时，若测得电解液比重过高，则可抽出电解液，补充等量的蒸馏水。若比重低于规定值，则可抽出电解液，补充等量的比重为 1.40 的硫酸。比重调好后，继续充电 0.5～1 h，以便电解液混合均匀。要求蓄电池各单格电池电解液比重相差不大于 0.01，液面高度为 10～15 mm。

（5）按充电机的操作规程停止充电。

3. 充电后的工作

（1）拆除连接导线，检查注液口盖通气孔是否畅通，拧好注液口盖。

（2）用碱水或 10% 的氨水溶液擦拭蓄电池的外部。对长时间存放不用的蓄电池要求在其极柱上涂一薄层工业凡士林。

（三）蓄电池的去硫化充电

蓄电池长期充电不足或放电后长时间放置，在极板上都会逐渐生成一层白色的粗晶粒的硫酸铅，这种硫酸铅晶粒很难在正常充电时转化为正常的活性物质，因而导致容量下降，这种现象称为极板硫化。

蓄电池发生硫化故障后，内电阻将显著增大，开始充电时充电电压较高（严重硫化者可高达 2.8 V），温升也较快。对严重硫化的蓄电池，只能报废。对硫化程度较轻的蓄电池，可以通过充电予以消除，这种消除硫化的充电工艺称为去硫化充电。去硫化充电的程序如下。

（1）倒出原电解液，并用蒸馏水冲洗两次，再加入足够的蒸馏水。

（2）接通充电电路，将电流调节到初充电的第二阶段电流值要求进行充电，当电解液相对密度上升到 1.15 时，再倒出电解液，换加蒸馏水再进行充电，直到相对密度不再增加为止。

（2）以 20 h 放电率放电至单格电池电压降到 1.75 V，再进行上述充电，充电后再放电，如此充放电循环，直到输出容量达到额定容量值的 80% 后，即可投入使用。

三、蓄电池的使用维护规则

蓄电池技术性能的发挥（包括使用寿命），在很大程度上取决于能否按要求正确地实施使用和维护规则。根据蓄电池本身的结构特点和长期实践总结经验，在使用中应注意勤充电、勤检查、勤保养和"四防"的原则，具体内容如下。

（一）勤充电

（1）放完电的蓄电池应在 24 h 以内送到充电间进行充电。

（2）没有使用的蓄电池必须每月进行一次补充充电，按表6-4-1第二阶段充电电流要求进行。

（3）装在工程机械上使用的蓄电池也必须每月进行一次补充充电。因为虽然在工程机械上有发电机进行充电，但由于使用蓄电池能量的机会较多，其往往处于充电不足状态，所以仍需定期补充充电。

（4）带电解液存放和使用中的蓄电池，每隔 3 ~ 6 个月应送充电间进行一次技术检查。这样不仅能使蓄电池得到完全充电，还能及时消除轻微的极板硫化。

（二）勤检查

（1）经常检查放电程度。冬季蓄电池放电不要超过额定容量的 25%，夏季不要超过 50%。

（2）经常检查液面高度，电解液液面应高出保护网 10 ～ 15 mm。应用玻璃管检查，不得用金属管检查。

（三）勤保养

（1）送充电间充电前，应将蓄电池表面擦拭干净。

（2）拆装蓄电池时，应将蓄电池表面擦干净，把连接导线的氧化物除去，如发现有电解液溢出，需用蘸有碱水或 10% 浓度氨水的布擦净。

（3）经常疏通注液口盖上的通气孔。

（四）"四防"

1. 防冻

蓄电池在低温情况下，不仅容量下降，而且在车上的充电也比较困难，为了保持较好的充电性能和放电性能，冬季蓄电池应给予保温。一般情况下，气温在 -10 ℃以下，应送保温间进行保温。保温间温度应为 -5 ～ +30 ℃。

2. 防短路

拆装蓄电池或电气设备时，应将电路总开关切断。装蓄电池连接线时应将导线的自由端用布包上，以免造成短路。

3. 防长时间大电流放电

用电启动发动机时，接下启动按钮的时间不得超过 5 s。如果发动机仍未发动，则应停歇 15 s 以上再进行发动，连续 3 次启动不了，应检查原因，排除故障后再启动发动机。

4. 防强烈震动蓄电池

在拆装和运送蓄电池时，应轻抬轻放。在工程机械上安装蓄电池时，应将蓄电池牢固固定在蓄电池支架上，以防工程机械行动时蓄电池在支架上震动。

随着工程机械电气化水平的不断提高，充放电技术已经成为工程机械运用中不可或缺的重要维护活动，充放电技术直接影响着工程机械作业效能的发挥，急需解决快速充放电问题。如在日常训练中，由于蓄电池的充电时间比较长，临时充电势必影响工程机械快速出动。为了确保作业工程机械的出勤率，维护人员必须提前给足够多的蓄电池充足电。目前，许多工程机械已经配备了工程机械蓄电池快速充放电装置，这些装置将先进控制技术成功地应用于充放电过程，缩短了充放电时间，提高了充放电效率。

第五节　软件维护技术

随着软件在工程机械系统中的广泛应用，软件维护越来越引起人们的关注。因为即使是优化的软件开发与生产，软件故障仍然难以避免，而且软件故障常常多于硬件故障，许多软件故障往往在投入使用之后才被发现；同时，为了适应变化的使用环境，改进性能，需要在软件交付使用之后再修改。软件维护已成为新型工程机械提高作业力的重要因素。

软件维护技术是指软件交付使用之后，为纠正错误、改善性能和其他属性，或使其适应改变了的环境而进行修改所采取的方法与手段。软件维护是确保软件能够持续可用所必需进行的软件工程管理与软件升级工作，也是软件寿命周期过程的重要阶段。

一、软件维护的基本概念

（一）软件

为了理解软件维护，需要清楚软件的真正含义。人们常常有错误的观念，认为软件就是程序。这种错误观念会导致对包括软件在内的软件术语的错误理解。例如，在考虑软件维护活动时，往往只考虑对程序所实施的活动。这是因为很多软件维护人员更熟悉、更多地看到的是程序，而不是软件系统的其他成分。

软件是指计算机中对人们有用的程序、文档和操作规程。该定义说明，软件不仅包括程序，即源代码和目标代码，还包括程序所涉及的各种文档，如需求分析、规格说明、系统和用户手册、设置并操作软件系统所使用的规程。表6-5-1给出了软件系统的组成部分。

表 6-5-1　软件系统的组成部分

软件组成部分		举例
程序	源代码	—
	目标代码	—

软件组成部分		举例
文档	分析／规格说明	正式规格说明、背景图、数据流图
	设计	流程图、实体－关系图
	实现	源代码清单、交叉引用表
	测试	测试数据、测试结果
操作规程	设置和使用软件系统所需的指令	—
	应对系统所需的指令	—

（二）软件故障

软件故障是指软件中的缺陷使软件丧失在规定的限度内执行所要求功能的能力。

1. 软件故障的形成

软件故障来自两个方面：一是软件本身在开发中的差错所引起的，属软件内部故障；二是软件载体（存储器、运算器、线路等）的偶然故障引起的，属外界因素。本书主要分析软件本身的问题。

软件出错的根本原因是软件产品存在缺陷。在一定条件下，计算路径经过某个存在的缺陷，激活该缺陷，导致错误。因此，要解决软件故障问题最根本的途径就是要保证软件产品没有缺陷。

软件产品缺陷主要是在软件开发过程中造成的，不可能保证绝对没有缺陷，除非它特别简单。因为一般中等复杂程度的软件产品存在非常多的运行状态（计算路径），而软件开发过程中可视性又差，在开发过程中不可能保证将每种状态都检查到。实际上只能做到尽可能使软件少含缺陷。要达到这个目的，需要在软件开发的各个阶段减少差错。

2. 软件故障的模式

软件故障是由设计过程中引入的缺陷在运行时被激发而引起的。其故障模式有多种分类方法。其中一类是按运行时失效、运行时间不符合要求和输出结果不符合要求3种情况，将软件故障模式分为：程序无法启动运行、程序运行中非正常中断、程序运行陷入死循环、程序运行对其他单元或环境产生了有害影响、程序运行时轻微超时、程序运行时明显超时、程序运行时严重超时、输出数据精度轻微超差、输出数据精度中度超差、输出数据精度严重超差、输出结果错误、输出格式不符合要求、打印字符不符合要求等。常见软件故障见表6-5-2。

表 6-5-2　常见软件故障

基本活动	故障表现	产生原因	差错性质
用户需要说明	不符合实际需要	对系统的认识不清楚，用户需求标书不准确	需求差错
软件需求分析	不符合用户需要	对用户需要理解有误，需求分析不够或有误，规格说明表达不准确	需求规格说明差错
软件设计	不符合用户需要，不符合需求规格说明，容错能力不够	对用户需要和软件需求规格说明理解不够，对编码有关技术和约束认识不够，设计不当，设计说明有误	设计差错
编码	不满足设计要求	对设计说明理解不够，所用技术不当，偶然失误	编码差错
软件测试	不满足要求，残留差错太多	测试设计有误，测试资源不够，测试管理欠缺	测试差错

3. 软件故障与硬件故障的差别

软件故障与硬件故障的主要差别见表6-5-3。

表 6-5-3　软件故障与硬件故障的主要差别

序号	硬件故障	软件故障
1	故障是由于物理、化学等原因引起的，硬件产品是物理实体，有散差，会自然老化，且存在使用耗损	故障主要是由于开发软件时的缺陷引起的，也可能与载体有关。软件产品是逻辑思维的表示，无散差，不会自动变
2	硬件产品研制和生产过程可视性较好，便于控制	软件产品设计和生产过程可视性差，难控制
3	产品故障不只是设计故障，生产过程、使用过程和物料变化均能造成内部故障	产品故障均为开发过程中的设计故障，复制过程不会直接地而只能通过载体造成内部故障

序号	硬件故障	软件故障
4	若硬件产品的零部件及其接合部均无故障，且各组成部分之间是协调配合的，则产品无故障；若有故障，就会在运行中暴露出来	程序是指令序列，即使每条指令本身都是正确的，但由于程序运行状态一般很多，不能保证指令的动态组合完全正确，故故障通常存在，而且只有在一定的系统状态和输入条件下故障才暴露出来
5	硬件产品行为可用连续函数描述，故障的形成有物理原因、有耗损现象，故障有前兆，故障与使用时间有关系（分增加、不变和减少三种情况）	软件产品行为变化的数学模型是离散的，故障的形成无物理原因、无耗损现象，故障无前兆，故障与使用时间无关系，但与程序、测试、改正时间有关系
6	开发、生产、使用、备料和管理过程产生故障，均需加强控制	一般应主要在开发过程中采取技术和管理措施来减少故障
7	同一品种规格的不同零部件的适当冗余可提高可靠性	容错设计中冗余系统不能相同，必须保证其设计相异性，否则将严重影响效果
8	使用过程中出现故障后，产品维修是修复失效的零部件状态，可靠性能尽量保持，但不能提高	使用过程中出现故障，软件维护通常要修改软件，产生新版本；只要维护过程合理，可以提高可靠性
9	维修设计适当时，维修某零部件一般不会波及它处	维护时修改一处常会影响它处，必须考虑这种波及面，保证修改结果完全正确

（三）软件维护

软件维护的概念经常被使用，但是在不同的文献中会找到软件维护的很多不同定义。有些定义采用狭义的观点，有些定义采用更一般的观点。采用更一般的观点的定义，如把软件维护定义为"软件系统交付之后所实施的所有工作"，包含了所有内容，但是没有什么维护的要求。而采用具体观点的定义虽然说明了维护的活动，但是面太窄。这类定义最典型的是：修改程序缺陷观点——维护是检测并修改错误；满足需要观点——维护是当运行环境或原始需求发生变化时对软件的修改；支持用户观点——维护是对用户提供支持。

本书采用的定义如下：软件维护是指软件产品交付之后的修改，目的是修改缺陷，提高性能或其他属性，或使该软件产品适应修改后的环境。

二、软件维护的意义

（一）软件维护的必要性

软件使用过程中，由于许多内在的和外在的原因，必须对其进行维护。此外，使用中用户将会提出各种改进要求，这就需要通过软件维护提升来满足用户的需求，实现软件功能的扩充和性能的改善。又由于使用环境的变化，软件会不相适应，也需要通过维护使其适应使用环境。同时，还需要为用户提供技术咨询、提供软件问题报告和软件修改报告、建立维护档案等。

1. 为了使系统保持运行

软件的意外失效可能会威胁人员生命安全。维护活动的目标就是使系统保持运行，包括程序错误修改、失效恢复以及适应操作系统和意见的更改。已经交付使用的软件不可避免仍然存在故障，故需要维护排除，尤其是危及安全的关键软件中的故障，如不及时排除会产生灾难性的后果。例如，20世纪60年代中期，美国首次金星探测计划因在用 FORTRAN 语言编写的程序中某条 DO 语句漏掉了一个逗号而惨遭失败，造成探测飞船丢失。1999年4月30日美国用"大力神"4B 火箭发射通信卫星，因软件问题导致通信卫星未进入特定的地球同步轨道。

2. 为了支持强制升级

这类更改是必要的，因为当使用环境变化时，软件为了能够继续发挥作用，必须进行修改。

3. 为了支持用户改进要求

总体来说，系统越好就会被越多的使用，更多用户就会提出功能增强的要求，也会有提高性能和针对具体工作环境定制的要求。

4. 为了方便未来的维护工作

在软件开发阶段走捷径，是不可取的，从长远看代价很高，这一点的弊端在短时间内就能发现。单纯为了使未来维护工作更容易而实施更改是很有必要的。这种更改可能包括代码和数据库结构的更新，以及文档更新。

（二）软件维护的重要性

随着计算机技术的飞速发展，信息技术在工程机械中的应用越来越普遍，所占比重越来越大。近 20 年来，计算机软件已被广泛应用于各型工程机械系统和自动化指挥系统，其对提高工程机械的作业能力起到了重要作用。特别是在以信息处理为主要任务的系统中，如指挥、控制、通信、情报、监视、侦察等系统，计算机软件已不再仅仅是系统的组成部分，实际上软件本身已自成系统，通过它把各个分系统综合成为一个整体，协调一致地完成或辅助完成各项施工任务。也就是说，人们已经逐步认同软件是工程机械系统的神经中枢，软件就是工程机械，软件也是形成作业力的重要因素。但是，如果软件出现故障而又未进行维护，则可能出现通信中断、控制失灵、情报失真、目标丢失、指挥瘫痪，其后果十分严重，所以必须认真做好软件维护工作。

三、软件维护的类型

软件维护并不只是改正缺陷。按照软件维护的目标，软件维护可以分为如下几类。

（一）改正性维护

软件在交付使用后，由于在开发时测试的不彻底、不完全，必然会有一部分错误隐藏在程序中，这些隐藏下来的错误在某些特定的使用环境下就会暴露出来。为了识别和纠正软件错误、改正软件性能上的缺陷、排除实施中的错误使用，应当进行的诊断和改正错误的过程，就叫作改正性维护。例如，改正性维护可以是改正原来程序中未使开关复原的错误、解决开发时未能测试各种可能情况带来的问题、解决原来程序中遗漏处理文件中最后一个记录的问题等。

（二）适应性维护

随着计算机技术的飞速发展，外部环境（新的硬、软件配置）或数据环境（数据库、数据格式、数据输入 / 输出方式、数据储存介质）可能发生变化，为了使软件适应于这种变化，而去修改软件的过程就叫作适应性维护。例如，适应性维护可以是为了现有的某个应用问题构建一个数据库、对某个指定的事物编码进行修改、增加字符个数、调整两个程序使其可以使用相同的记录结构、修改程序使其适用于另外一个终端等。

（三）完善性维护

软件在使用过程中，用户常常会对软件提出新的功能与性能的要求。为了满足这些要求，需要修改或再开发软件，以扩充软件功能、增强软件性能、提高工作效率和软件的可维护性，这种情况下的维护活动就叫作完善性维护。例如，完善性维护可能是缩短系统的响应时间，使其达到特定的要求；或者把现有程序的终端对话方式加以改造，使其具有方便用户使用的界面；改进图形输出；增多联机求助功能；为软件的运行增加监控设施等。

（四）预防性维护

除上述三类维护之外，还有一类维护活动，叫作预防性维护。这是为了提高软件的可维护性、可靠性等，为以后进一步改进软件打下良好基础。预防性维护是"把今天的方法用于昨天的系统以满足明天的需要"。也就是说，采用现在先进的软件工程方法对需要维护的软件或软件中的某一部分进行（重新）设计、编制和测试。

在整个软件维护阶段所做的全部工作中，预防性维护只占很小的比例，而完善性维护占了一半的工作量，如图 6-5-1 所示。据研究，软件维护活动所做的工作占整个生存工作量的 70% 以上，这是由于在漫长的软件运行过程中需要不断对软件进行修改，以改正新发现的错误，适应新的环境和用户新的要求，这些修改需要花费很多精力和时间，而且有时修改不正确，还会有新的错误。同时，软件维护技术不像开发技术那样成熟，也是消耗工作量比较多的原因之一。

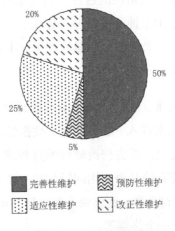

图 6-5-1　各类维护占总维护的比例

四、影响软件维护活动的因素

许多软件的维护十分困难，因为这些软件的文档和源程序难以理解，又难以修改。从原则上讲，软件的开发工作应当严格按照软件工程的要求，遵循特定的软件标准或规范进行，但实际上往往由于各种原因并不能真正做到。例如，文档不全、开发过程不注意采用结构化方法、忽视程序设计风格等。因此，造成软件维护工作量加大，成本上升，程序出错率升高。此外，许多维护要求并不是因为程序出错而提出的，而是为适应环境变化或需求变化而提出的。由于维护工作面广，维护难度大，稍有不慎，就会在修改中给软件带来新的问题或引入新的差错。所以为了控制软件维护活动，提高维护工作的效率，需分析影响软件维护活动的因素。

（一）软件规模

软件维护的工作量与软件规模成正比。通常，规模越大，所执行的功能越复杂，理解掌握起来越困难，因而需要更多的维护工作量。软件的规模可以由源程序的语句数量、模块数、输入/输出文件数、数据库的规模以及输出的报表数等指标来衡量。

（二）程序设计语言

软件的维护工作量与软件使用的开发语言有直接关系，使用功能强的程序设计语言可以控制程序的规模。语言的功能越强，生成程序所需的程序指令就越少；语言的功能越弱，实现同一功能所需的语句就越多，程序就越大。有许多软件是用较老的程序设计语言书写的，程序逻辑结构复杂而混乱，而且没有做到模块化和结构化，直接影响到程序的可读性。通常高级语言编写的程序比低级语言编写的程序易于维护。

（三）开发技术

在软件开发时，若使用能使软件结构比较稳定的分析与设计技术以及程序设计技术（如面向对象技术、复用技术等），可提高软件的质量，减少大量的工作量，减少维护费用。

（四）软件年龄

软件年龄越老，修改的内容可能越多，不断的修改会使软件的结构越来越乱。

（五）文档质量

许多软件项目在开发过程中不断地修改需求和设计，但是文档却没有进行同步修改，造成交付的文档与实际软件不一致，使人们在今后参考文档对软件进行维护时出现许多误解。

（六）特殊软件

有些软件用于一些特殊的领域，涉及一些复杂的计算和模型，这类软件的维护不仅需要计算机软件知识，还要具备专门的业务知识，通常这类软件的维护成本更高。

（七）软件结构

在概要设计时，遵循高内聚、低耦合、信息隐藏等设计原则，使设计的软件具有优良的结构，能够为今后的维护带来方便。

（八）编程习惯

软件维护通常要理解别人编写的程序，如果开发人员按照编程规范编写程序，配有足够多的注释，并且程序结构清晰、简单，则这样的程序易于维护。

（九）人员变动

由原开发人员参与软件维护是一个较好的策略，但是在软件的生命周期中人员变动是不可避免的，有时候这也是造成一个软件彻底报废的原因之一。

此外，许多软件在开发时对未来的修改考虑不足，这给软件的维护带来许多问题。

第七章　高原寒区工程机械维护保养的组织与实施

工程机械保养要贯彻预防为主的原则，坚持日常保养与定期保养相结合，操作人员与维修人员相结合，安全、及时、高质量地做好保养工作。由于使用中各机件的技术状况会发生变化，如磨损、松动和失效等，所以检查保养必须是有计划的、有预防性的。考虑到各机件技术状况的变化还与天气、季节、地区和使用情况有关，所以保养的范围和时机应根据实际情况而有所侧重。

第一节　工程机械维护保养的一般程序

保养作业分为保养前准备、保养实施和保养后工作 3 个阶段实施。工程机械管理人员应严格按规定的保养类别和时机制订计划，做好器材和物资准备，按计划保质保量完成保养任务。

一、保养前准备

保养前应做好计划拟制、工艺制定、人员分工、场地设置和工具器材、配件、油料准备等工作。

（1）根据保养计划、工程机械技术状况、当前任务和地理、气候条件，对照《工程机械维修管理规定》《工程机械保养规程》《工程机械保养工艺规程》和《渡河桥梁器材维修规程》等规定，下达保养任务，确定保养方法，进行人员分工，提出要求和注意事项。

（2）准备保养场地。保养场地应平实、干燥、防雨、防火、防风沙，具有照明设备，寒冷条件下还应设有预热取暖设备。

（3）备足保养所需的工具、器材、配件和油料等。

二、保养实施

保养实施应当根据保养内容和要求分步进行，作业人员要合理选用配件，按正确的方法装配。根据保养地点、机械状况、保养人员、工具器材等具体情况，通常采用总成分工法、逐项轮流法、机动快速法等方法进行。

（一）总成分工法

总成分工法，是将工程机械各大总成，如发动机、传动、行驶、工作等部分分成几个工段，将参加作业人员编成相应的几个小组，定人、定位、定项，同时进行。这种方法需具备较充足的人员和工具设备。

（二）逐项轮流法

逐项轮流法适用于工程机械配置分散、任务完成时间要求紧迫、备用机械缺乏、保养人员少的情况下采用，可对工程机械一、二级保养的项目预先制订好计划，主要依靠操作手利用作业间隙或每班保养时间，按计划逐项完成全部保养项目。

（三）机动快速法

机动快速法是在总成分工法的基础上，各工段采用一定的专用和机动工具，快速作业，在较短的时间内完成保养。采用这种方法实施保养，需要有熟练的作业人员和较充足的机（工）具。

采用总成分工法或机动快速法，是对各工程机械实施保养的作业编组、工号分工、工序配合等工艺实施组织程序。

三、保养后工作

保养后的工作主要是进行质量检验和保养登记。除每班保养外，保养工作结束时，还需按照技术规程的要求实施质量检验。

（1）工程机械保养必须坚持"预防为主，质量第一"的原则。严格按照规定的保养范围、作业内容，指定的附加小修项目和技术要求进行保养，确保保养质量。不得漏项、失修，也不得随意扩大拆卸零件范围。

（2）建立检验责任制，通常工程机械一级保养由操作人员检查；工程机械二级保养由使用单位负责人指定技术骨干检查；工程机械三级保养由使用单位和修理单位专业人员共同组织检查。

（3）必须贯彻执行保养前检查、过程检验和保养后验收的"三检"制度。

二级保养以下保养前检查和保养后验收应进行原地发动检查，必要时进行短途行驶检查；三级保养进行原地检查、原地发动检查和短途行驶检查，必要时进行空负荷工作检查，一般情况下不得进行解体检查。通过保养后和保养前的对比检查，结合检验可以较准确地判断保养质量。

（4）保养合格的工程机械，应做到机容整洁，润滑充分，紧固适当，调整正确，音响、温度正常，功率强劲，整机性能指标符合要求。

保养登记是指保养任务完成后，应当按规定将保养情况如实填入《工程机械履历书》或有关资料登记表内，填写内容主要是：日期和保养等级；换油、换件部位；保养质量和对整机性能的基本评价。

第二节　高寒条件下工程机械保养注意事项

高原寒区条件下，空气稀薄，大气压力低，昼夜温差大，气候变化快。这些特点会造成发动机启动困难，功率下降，散热不良，易于产生积炭和胶状物，造成燃油消耗量增加以及轮胎气压相对增高等不良影响。同时，冷却水容易冻结，零件磨损和燃油消耗也显著增加，给机械的使用带来一定困难。因此，在高原地区（海拔 2000 m 以上）使用工程机械需注意以下事项。

一、冷却系注意事项

（1）启动前，预温发动机机体。拧开发动机各放水开关，向冷却系内加注 60 ～ 70 ℃的热水，直到流出的水用手接触不凉时，关闭放水开关，重新注满热水，立即启动。

（2）用保温套或挡风帘遮挡散热器，以减少热量散失，保持机温。

（3）作业中需较长时间停车，则须间隔启动，保持机温；作业结束后，须放净冷却水，放水后应启动发动机低速运转 1 ～ 2 min。

（4）必要时加注防冻液（在气温过低而条件允许的情况下最好使用防冻液）。

（5）检查蒸汽阀的性能，为减少冷却水蒸发和沸腾外溢，应适当增大蒸汽阀弹簧的压力。

（6）由于冷却水蒸发迅速（不增加蒸汽阀弹簧预紧力的机械），加添频繁，冷却系产生的水垢大大加快。因此，冷却系的清洗周期，应比普通情况下缩短一半。

二、润滑系注意事项

（1）选用规定牌号的润滑油。

（2）启动前须预热机油。作业结束时，趁热将机油放出，当班加注前，将机油盛在加盖的容器里，用炭火等烘烤发动机的油底壳时，烤前应将烘烤部位周围的油污擦净。

（3）风冷发动机可用烘烤方法预热曲轴箱和气缸体。

三、燃料系注意事项

柴油发动机应选用规定牌号的柴油，未装空气增压器的柴油机须适当减小供油量；汽油发动机应根据气压和气温，将浮子室油面调至合适位置，并使点火时间适当提前。由于积炭和胶化现象加快（无增压器又不减少供油量和将点火或供油时间提前的机械），燃烧室、活塞顶、喷油器（火花塞）、进排气门、排气管等处的除炭（胶）清洗周期应比普通情况下缩短 1/3 ～ 1/2。

四、工程机械的启动、运输和停放注意事项

（1）严禁以工程机械硬拖和硬顶的方法启动发动机。

（2）启动发动机前，应先摇转曲轴十余转，然后在不供油的情况下以汽油启动机带动柴油发动机 3 ～ 5 min，或以电动机带动发动机 15 ～ 20 s，待机油表开始显示压力后再行启动。

（3）在严寒条件下，无预热装置的柴油机，可拆下空气滤清器，转动发动机的同时用喷灯在进气口加热（注意不得将杂物吸入气缸内），使发动机在吸气时能将火焰吸入，在发动机转动 1 ～ 2 s 后再供油。发动机启动后应立即装上空气滤清器。

（4）工程机械在行驶或作业中，应当对其经常观测水温情况，如遇水箱结冰，应及时设法解冻。

五、其他注意事项

（1）更换各传动齿轮箱的润滑油时，应换用规定牌号的齿轮油或双曲线齿轮油。

（2）更换液压油，需换用 40 号低温液压油。

（3）降低轮胎气压时，轮胎气压应比标准气压低 10%，以防爆裂。

（4）检查调整蓄电池电解液密度时，蓄电池应采用比重为 1.31（15 ℃）的电解液。

第三节　高原寒区工程机械机动中的保养

机动中的技术保养通常采用逐项轮流和机动快速保养法实施，主要利用工程机械机动途中短暂休息的时机进行。机动中工程机械出现的故障，如果不影响其行驶又不致造成大的危害，则通常应在技术保养时检查排除。

机动中工程机械技术保养的内容应根据工程机械的技术状况、路况、可能的保养时间等确定。小休息时，主要检查易损和要害部位，以确保工程机械正常运转，可靠工作；大休息时，及时排除途中发现的故障，对工程机械进行全面检查，补充各种油料和冷却液，检查各部位连接固定情况，调整主要部位的间隙，以保证各个总成、机构、零件具有良好的工作性能。

机动中工程机械的技术保养通常由操作手实施。需要进行等级保养时，应采用逐项轮流法在大休息中完成。对主要工程机械进行难度较大的保养时，组织者应调用随伴保障组协助完成。

参考文献

[1] 张三华. 高寒地区设备维护与保养 [J]. 工程机械与维修, 2005 (21):
96-97.

[2] 邓承宽, 朱旭东. 高寒地区光电设备维护使用对策 [J]. 科技视界, 2014 (5):
94.

[3] 俞明欢. 把脉工程机械冒黑烟现象 [J]. 厦门科技, 2020 (5): 14-16.

[4] 龚亦兵. 工程机械使用与管理中的灰色线性规划 [J]. 工程机械, 1988 (12):
41-43.

[5] 邵杰, 张勇. 自动化技术在工程机械使用中的应用效用探讨 [J]. 中国石油和
化工标准与质量, 2011, 31 (9): 140.

[6] 马全义, 赵磊. 浅谈如何提高工程机械使用寿命 [J]. 黑龙江科技信息, 2010
(23): 60.

[7] 党跃轩, 刘喜平. 工程机械液压系统污染控制 [J]. 黑龙江科技信息, 2010 (2):
50-51.

[8] 黄卓群. 平均营收增速超 20% 工程机械上市公司三季度报汇总 [J]. 今日工程
机械, 2020 (6): 14-15.

[9] 郑文海, 姜洪涛. 影响工程机械使用寿命的主要因素 [J]. 一重技术, 2002 (4):
83-84.

[10] 王志慧. 浅谈如何提高装载机的使用寿命 [J]. 中国设备工程, 2020 (4):
110-111.

[11] 杨雪吟. 中国工程机械中小企业服务工作委员会在京成立 [J]. 今日工程机
械, 2020 (6): 16-17.

[12] 魏哲雷, 刘汉光. 工程机械发动机常见过热原因分析及解决措施 [J]. 建筑
机械, 2019 (11): 54-56.

[13] 魏春雪，郜娅 . 试论工程机械电器的常见故障与诊断维修 [J]. 决策探索，
    2019（6）：57.

[14] 樊光旭，梁东文，张秀儒 . 高寒地区天车轨道存在问题及处理方法 [J]. 设
    备管理与维修，2014（11）：41-42.

[15] 朱毅，白燚，吴海龙 . 工程机械发动机燃油箱的研究与设计 [J]. 工程机械
    文摘，2013（6）：69-70.

[16] 潘明存，王丽娟 .《工程机械发动机构造与维修》省级精品课的特色探讨 [J].
    教育教学论坛，2012（37）：28-29.

[17] 李寒冰 . 工程机械发动机的检测技术刍议 [J]. 建材与装饰，2017（10）：
    193-194.

[18] 赵会生 . 工程机械发动机的 FOWA 管理 [J]. 设备管理与维修实践和探索，
    2005（S1）：394-397.

[19] 徐宁 . 大气粉尘对工程机械发动机的磨损和动力性的影响 [J]. 交通世界，
    2019（Z2）：194-195.

[20] 本刊编辑部 .2020 年度中国工程机械十大营销事件榜单发布 [J]. 今日工程
    机械，2020（6）：42-43.

[21] 丁晓川 . 机械传动系统保障性设计 [J]. 时代农机，2016，43（1）：67.

[22] 姚翼武 . 浅析机械传动系统保障性设计 [J]. 科技创新与应用，2015
    （29）：134.

[23] 高勇，王强，何晓晖，等 . 用全员设计来发展机械 [J]. 机械设计，2003
    （8）：51-53.

[24] 孙书鸿 . 工程机械维修工程讲座——第三讲 维修工程应用之一机械的保障
    性设计特性 [J]. 工程机械，1995（11）：30-33.

[25] 康锐，曾声奎，王自力 . 装备可靠性系统工程的应用模式 [J]. 中国质量，
    2013（4）：16-18.

[26] 本刊编辑部 . 探寻价值新坐标 2020 中国工程机械营销 & 后市场大会在合
    肥举办 [J]. 今日工程机械，2020（6）：34-39.

[27] 徐建新 . 高海拔、高寒地区工程机械的使用及保养 [J]. 煤炭科技，2002（3）：
    44-45.